云創業
案例庫

Care

目　錄 CONTENTS

1. 太驚人了！云創業發售 0 成本獲客，不見面成交率 80%——知識煉金師 /Caro 01

2. 還有誰想要超車實現夢想 提早追夢到手上?——追夢大學長 X 追夢變現教練 / 洪成昌 29

3. 小白如何輕鬆做成交——創富教練 /Eddy 49

4. 從成功企業家到與南海觀世音菩薩的神秘約定——通靈靈學老師 / 開運姐姐 67

5. 職場倦怠的職業婦女為何輕鬆創業月收入提升 50%——生命價值提煉師 / 李雅琳 83

6. 曾單日營收 500 萬，為何走上療癒之路？——Vivi 美心學苑 /Vivi 94

7. 男人離不開你的三大秘訣，打造幸福婚姻——感情關係顧問 /Q 姐 112

8. 打造孩子未來的能力 也打造我的創業夢——

   兒童教育規劃師 / 李秉蓁 ⋯⋯⋯⋯⋯⋯⋯⋯⋯⋯⋯ 135

9. 不再迷茫！用事業腦談戀愛幸福指南，幫你突

   破脫單瓶頸——新感情架構師 /Daphne 藍均屏 ⋯⋯⋯ 151

10. 如何掌握社群營銷秘訣解決客流量不足問題

    ——社群營銷達人 / 陳韋霖 ⋯⋯⋯⋯⋯⋯⋯⋯⋯⋯ 161

11. 不可思議，25 歲，7 天賺 95 萬，怎麼做到的？

    ——贏銷鬼才 /Maggie ⋯⋯⋯⋯⋯⋯⋯⋯⋯⋯⋯⋯ 176

12. 從連鎖加盟系統的老闆到網路變現師，助人

    完成夢想——網路變現師 /David ⋯⋯⋯⋯⋯⋯⋯ 190

13. 健康知識變財富 網路創業造新路——油水平

    衡養生導師 / 米姐 ⋯⋯⋯⋯⋯⋯⋯⋯⋯⋯⋯⋯⋯ 206

14. 踏上新航道，從直銷到網路行銷的蛻變旅程

    ——滔滔人生成就教練 /Kaila ⋯⋯⋯⋯⋯⋯⋯⋯⋯ 230

15. 結合傳統與現代，從食品業到多媒體專家的

    跨界故事——影音攝記剪輯師 / 廣福 ⋯⋯⋯⋯⋯ 245

16. 跟著我用一隻手機輕鬆簡單變現全世界的 -

    網路成交小公主——自然醫學健康管理師 / 徐

    秋惠 ⋯⋯⋯⋯⋯⋯⋯⋯⋯⋯⋯⋯⋯⋯⋯⋯⋯⋯ 263

17. 當 AI 遇上云端營銷 擦出熊熊烈火——AI 獲客

    小王子 /Adam ⋯⋯⋯⋯⋯⋯⋯⋯⋯⋯⋯⋯⋯ 279

18. 上班族兼職網購，兼職收入早已超越正職很多

    ——斜槓網賺贏家 /Susan ⋯⋯⋯⋯⋯⋯⋯⋯ 298

19. 我的人生到底為誰而戰，為何而戰？——臻愛

    香隨人脈變現導師 / 蔡雨臻 ⋯⋯⋯⋯⋯⋯⋯⋯ 313

20. 傳統市場中的美容師，如何讓女人重拾自信

    ——涵姐奇肌 / 黃雅涵 ⋯⋯⋯⋯⋯⋯⋯⋯⋯ 327

21. 客戶的信任與感謝，精油芳療如何陪伴他們

    度過困難時刻——芳療擺渡人 / 聊癒瑩子 ⋯⋯ 336

22. **創業不難！搞定自己最難** ——媜琳心腦能量培訓教母 / 楊媜琳 ····································· 355

23. **香氣的世界 療癒的力量**——靈香療鈺導師 / 李鈺蓮 ······································· 372

24. **因病悟道：從甲狀腺癌到佛法修行的心路歷程**——生死智慧 AI 禪師 / 孟如 ···················· 389

25. **全球教育的未來，如何明白生命的意義**——智慧全人閱讀創始人 / 彭建華 ····················· 407

26. **從知識變現到教學實踐，露茜打造輕鬆的廣東話學習體驗**——粵來粵有趣 / 露茜 ············· 427

27. **從鬆筋師到生命騎士：用養生智慧駕馭人生**——陳琇茹 / 養生鬆筋師 ························· 442

太驚人了！云創業發售
0成本獲客，不見面成交率80%

Caro 知識煉金師

全網贏銷系統創辦人

中國發售教父智多星嫡傳弟子

2年協助超過百位學員

月收10萬～100萬

最高30天發售收入380萬

知識變現找Caro批量成交好輕鬆

加我免費領取
《 贏銷秘技109招 》
Line ID：carochen7

三低創業

云創業爆破9+3挑戰贏於2024年7月9日~7月21日轟轟烈烈展開。

並且，只用9天的時間，由10個人開始裂變378人，最後成交305人，只用手機，利用Line群，不見面，成交率高達80%，還有誰想知道……驚人的成交率是如何做到的？

如果想要一次性成交305單（一單499元），大多數人是要開線下的演講，用公眾演說方式成交，請問線下的演講要不要有會議廳？ 場地要不要錢？ 人工要不要錢？ 吃飯要不要錢……

就算一對多的演講，現場400人，場地費肯定10萬以

上，還要動員很多工作人員，有吃有喝…想想你要先準備多少成本？

但是網路就不一樣，照我們的引流數量 378 個人，然後成交 305 人，我們全部用 Line 群， Line 開群要錢嗎？ Line 轉發要錢嗎？ Line 講課要錢嗎？ 說實話......

創業不一定要花大錢！

所以你想要用什麼樣的方式來創業，請問你想要去租個場地，還是想要利用我們這種線上的方式，我們是宅在家 邊引流 邊講課 邊賺錢。

答案很明顯，花小錢賺大錢才是「大生意」，創業，當然要 3 低創業！

以成本來講，是不是成本低風險就跟著低。 如果成本低，風險低，那你就敢創業了，因為門檻變低了，所以創業三低。三低不是指血壓，血糖，血脂...什麼都不是，是創業的，三高就是高成本，高風險，高門檻，很多人跨不出去，如果我們

加了一個 "云"，創業就變三低了。 低成本，低風險，低門檻，人人都可以跨入創業，所以創業前先選擇 "賽道" 很重要，選擇大於努力。

因應市場變遷：從一步到多步思維的轉變

十多年前，我有一個案例。 當時三天颱風天我都在家，用網路創造淨收入 15 萬。 那時我用的是一個 WordPress 製作的一頁式銷售頁，賣的是一款採集名單神器，現在我已經忘記具體的功能了，但記得那個神器售價是 6000 台幣，金流綁定的是 PayPal。三天內，我通過發送信件，把人引導到我的一頁式銷售頁，完全沒有見面，成功成交了 15 萬，賺錢好像很簡單。

然而，現在十多年過去了，如果還能這樣做，我肯定會繼續這樣做。 但現實是，這種做法現在卻被貼上了詐騙的標籤，很多人現在都認為看到單頁式銷售頁就是詐騙。我在電視上看一則廣告居然這樣教育消費者，要大家別相信網路上單頁式銷售頁，認為都是騙人的......這些廣告為了強調自己的真實性，居然建議消費者不要去網絡上那些一頁式銷售頁購買，因為一頁式銷售頁同於詐騙……

天啊，這樣的公眾教育，對我們這些正規做生意的人來說，真的很不公平，但也不能全怪他們，因為詐騙實在太多了，導致很多人不再相信。所以現在，如果你還想通過一頁式銷售頁來做銷售，就好比你在路上看到美女就想讓她嫁給你一樣，已經是高難度的事情了。

現在，你需要的是"多步思維"。

十年前，我用一步思維賺錢很容易，因為當時一頁式銷售頁是紅利期，我掌握到了。那時候我們可以輕易賺錢，但現在已經不一樣了。你不能再用一步思維去應對現在的市場，你需要的是多步的策略考量。

我的活動策劃和發售邏輯，就是基於多步思維。不要幻想一步就能跳過所有步驟，直接成交。現在的市場已經變了，消費者的大腦裡充滿了很多可能詐騙的訊息，他們的大腦防火牆築得更高，連看你都不看。所以，你需要轉變你的行銷思維。

我把它叫做"多步思維"。發售需要走多步思維,不要想一步到位,否則只能被忽視或者不信任,最終導致失敗。每一個步驟和環節最終都是為了達到成交的目的,但為什麼要這麼做?因為人性,因為現在的市場已經被破壞了。

我看到那些廣告,真的覺得哭笑不得,但也不能怪他們,雖然他們散播了一個非常錯誤的訊息。沒關係,如果大家都認為這是一個危險信號,防火牆築起來了,那我們就要改變策略。

山不轉人轉!山是死的,人是活的。所以,任何問題都難不倒我們.....

拆解"云創業"活動的
0 成本獲客 /80% 成交率秘訣

1. 鎖定目的
2. 進行策劃
3. 統一指令

4. 批量轉化

5. 批量成交

1. 鎖定目的

我們來拆解一下"云創業"活動為何能不見面還能創造出 80% 的高成交率。 首先，我要說明為什麼做這個活動。策劃每個活動都有其目的，目的有兩種：一是賺錢，二是賺人。

生意的本質是為了賺錢，但在賺錢之前，必須有"人"跟你交易。 因此，（賺人）獲客是關鍵。我們這次活動的目標就是獲客（賺人），而不是賺錢。正如我們在課堂上常說，沒有客戶，你就沒有收入。

無論你做什麼，最終都需要人。 為什麼拍自媒體？ 為什麼寫文章？ 因為需要有人來看、來點閱、來轉發。 獲客成本越來越高，這是每個做廣告的人都能感受到的。 以前花 3 萬塊可以獲得 20 到 30 個精準客戶，而現在同樣的花費可能只能獲得 10 個左右。

因此，我們需要尋找有效的獲客方式。 例如，我們曾經操作過共讀裂變,72 小時快閃活動,群操 1.0,群操 2.0......都是通過 LINE 群的方式吸引粉絲,成本低且效果好。這次的"云創業"活動，我們更結合了"群操 3.0"和"發售"，形成了這次云創業活動的模式，依靠群體的力量實現 0 成本獲客。

找到合適的獲客方式變得越來越重要。 解決這個問題的人就能賺到錢，這就是市場的紅利。

如果你能解決獲客成本高的問題，你就能賺錢。 今天的內容就是要教你如何有本事面對和解決這個獲客的問題。 金礦就在這裡，你要有能力去挖掘。

2. 進行策劃

我們這一次開宗明義就是賺"人"為主，我做了一些的不一樣的地方，第一個一定要為你的活動做一個名稱，所以我們這一次，也做了海報。

準備物料 1. 海報，文案

這次「云創業」活動，Caro 招集了 9 位發售教練培訓班的學員，舉辦了一場為期九天的創業學習課程，共有九位行業大咖帶你一起創業，另外還有三場獨家解密課程。 這三場課程揭示了我如何在兩年內，通過三人公司創下超過3000萬的業績。

很多人會問："我是小白,能創業嗎？創業需要很多錢嗎？如果創業失敗怎麼辦？"這些問題都是大家最擔心的。對創業新手來說，零經驗、怕失敗、資金短缺、無法競爭，這些都是常見的問題。我們的導師團隊將帶你克服恐懼，把握市場機會，走向成功之路。

這次的云創業课程不是免費的。 我們的挑戰群是需要付費499元才能進入，一開始我們就通過美圖和形象海報為活動做了一些曝光。 你需要有一個好的形象和海報，這樣你的朋友和夥伴可以轉發，這是一個共同的指令。 不管是文案還是圖片，都要幫他們做好，這樣他們才能更容易地轉發。

這次活動的開始，我們設置了三个關鍵點，我稱為"鳴槍示警"。 這一步是引發關注，露出產品但不賣產品，這個產

品就是我們的課程 "云創業爆破 9+3 挑戰贏"。

準備物料 2. 多樣贈品

為了這個活動，我們準備了 "知識煉金術的實體書" 和 "超過 20 本的電子書"，還要求每位講師各準備 "五個贈品"。這是我們在活動開始前就已經準備好的。 你需要準備一些贈品，活動中當鉤子，當誘餌來促進行動。

我們的活動主題是「云創業」，因為各個產業的人聚在一起，只談行銷或人際關係都不合適，所以我們選擇了 "創業" 這個主題，再加上我們重視網絡行銷，因此稱為 "云創業"。

準備物料 3. 找角度，鳴槍示警

我選擇了和講師們用 "密謀" 的方式來吸引注意力，在活動還沒開始的時候就在群裡發佈消息……

舉例，第一天文案預告：

跟大家分享一個好消息~

前一陣子呢，號招了眾多行業大咖，大家聊到目前市場上流行的 "創業"話題...

相信你在抖音，tiktok 上也常常刷到很多中國大咖的自媒體創業新模式，台灣也有一位 "涼糕哥" 是不是... 都成功的靠自媒體創業成功，翻天了...

你羨慕他們嗎？ 想創業嗎？

還在猶豫該如何走出第一步嗎？

小心猶豫太久，會忘了夢想，繼續活在舒適圈....

創業太貴！風險太大！還在上班怎麼創業？

沒事，我已經跟這群大咖老師們約定好....

請他們不要藏私，要把自己的絕活貢獻出來，幫助更多人....

你猜，大夥兒怎麼說？

哈哈，不愧都是創業先鋒的行業大咖 . . . 行動力超強

大家都"說幹就幹"，協助你創業的方案即將出爐，快，點擊查看 . . .

下部視頻告訴你，到底我約了哪些大咖 . . . . .

接著，第二天文案持續鋪陳：

補課來囉：

這周年度進修課將在 7/4（四）晚上 7:30 進行

本次主題：《 讀懂發售，立於不敗之地 》

課中還會公布，Caro 和一群大咖老師，我們密謀了一件大事，想知道 . . . .

請回覆：想

你將擁有優先權益～

課中不見不散 . . . .

文案中一句話「想知道嗎？ 請回復，想"」，就引發了很多人的興趣，很多人在我們的文案下回復"想"。

我們不直接把所有信息一次性告訴群眾，而是通過"鳴槍示警"的方式逐步引發興趣。 這也是做多步思維。 首先，先抓住注意力，引發懸念，然後再逐步釋放更多信息。 這就是我們使用的策略。

陳述這些活動細節時，要注意每一步的執行，比如提前鋪路，製作海報和文案。 這就是我們所說的鳴槍示警，甚至挑戰十天的學習。 這次活動不只是讓人參與，而是要吸引精準的客戶。

我們的目標客戶是那些想創業的人、曾經創業失敗的人。我們羅列了創業的痛點，通過 AI 來分析客戶的需求，精準吸引目標客戶。 如果你能找到並解決這些痛點，那麼你就能吸引精準客戶。

所以，關鍵是要有一個明確的角度和多步思維，不要一開始就把所有資訊都告訴觀眾，而是逐步引發他們的興趣，最終達成成交。 這就是我們成功的秘訣。

3. 統一指令

整個策略，我們分為四個時期：

云創業爆破9+3挑戰贏　全網盈銷

後門期 → 學習期 → 復盤期 → 放大期

後門優先期…學習期…復盤期…放大期

＜後門優先期＞

好啦，我們已經為活動定了名稱，並進行了「鳴槍示警」，所有十位講師也都到位了。 這時候，我們進入了下一階段：開始執行"統一指令"。 在這個階段，我們規劃了同心圓策略。十位講師作為核心圈,而我們設定的目標是招募100人。為了實現這一目標,我們設計了一個"後門"策略。

走後門的意思不是要送紅包,而是指你擁有優先權。我們目標是種子軍團100人,最終在四天內我們成功招募了超過100人。

在這個階段,我們做了哪些事情呢?首先,我們設置了一個不可思議的價格:499元,提供了為期12天的課程,包括9天的晨會,分享創業心法,以及三天的實操解密。我們把499元的獎勵全部100%分佣給參與者,讓大家通過分享賺錢。

前期我們採用的是"讓利"策略。比如,你送禮物給老公,禮物包裝的漂漂亮亮的,想要給他個驚喜,結果他後來他跟你說:"不如給我現金",這就是人性,大家更喜歡直接的利益。在很多傳統的生意中,策劃者總是想著賺錢,捨不得分錢,總想著:499元乘以300人也賺15萬,這樣的思維限制了活動的潛力。

"前端讓利，後端盈利"

我們決定採取讓利策略，不賺這筆錢，而是把所有收益返還給參與者。這樣，他們會更願意參與和推廣。舉個例子，如果你的老闆說 "今天的營業額全給員工分"，從店長到洗碗工，會不會每個人都拼了命地幹活，甚至中午都不休息了，還願意加班！

同理，我們的活動通過百分之百讓利來吸引參與者。別人都在用的方法（不分錢，不讓利）不一定是對的，差異化的商業模式才是最重要，但是你要看得懂商業的本質是什麼？

我告訴講師們，這次活動的目的是賺人，而不是賺錢。

"賺人"......就是要讓人喜歡你，愛上你。所以，你要輸出的是你的價值，因此，我們在這裡就做到百分之百的讓利。這個思維很多人想不透，為什麼？因為想賺錢想瘋了。

換位思考一下，如果你站在老闆和員工的角度，你會怎麼做？這就是商業模式設計中為什麼要符合人性的道理。老闆和員工的關係一直都是對立的，但如果你的思維能翻轉一下，變成互利的關係，整個結果就會完全不同。

很多人認為，商業模式應該在前端和後端都賺錢，但這樣的思維可能會導致失去後端的機會。舉個例子，如果你賺了 499 元乘以 305 單，確實可以賺 15 萬元，但結果是你可能連 305 單都達不到，甚至連 100 單都沒有，因為你賺走了所有的錢。

通過換位思考，把利益讓渡給員工和客戶，創造互利的關係，這樣不僅可以達成更多的交易，還能建立長久的信任和合作。

鳴槍示警，引發關注

"鳴槍示警"階段，提前發佈消息，引發關注。這是一個關鍵步驟，不是一次性把所有資訊告訴觀眾，而是逐步引發他們的興趣。

在公領域，我們採用的是「密謀事件」，引發關注，但不透露具體內容，創造懸念。同時，我們在自媒體和私域中發佈這些消息，引發更多關注和參與。

我們前期的策略是讓利，吸引人氣，我們為活動設定了"餐前開胃菜"，包括提前的晨會和特別福利。這些措施都是為了在正式活動前建立足夠的關注和參與度。

＜學習期＞

接下來，我們進入學習期。讓我們來看一下學習期的重點。首先，你需要特別留意成交主張的設計，這決定了你是否能達到預期目標。明確你的目標是什麼，是吸引人？還是盈利？

我們這次活動，給參與者提供了100%的回報，這是整個規劃中一個巨大的鉤子。讓參與者願意按照指令去行動。裂變的核心在於人脈的擴展，一個人的朋友有限，但朋友的朋友聚集起來就是無限的。這是裂變的關鍵。為了實現裂變，你需要提供好處，否則沒人願意幫你裂變。你如果沒有下鉤子，沒有給到他好處的話，那叫違反人性，誰要幫你裂變？

差異化是成功的關鍵。你的差異化不一定是讓利，也可以是獨特的價值或某些特別的東西。舉個例子，如果在同一時段有兩三位老師在開課，為什麼別人會選擇你？你的差異化是什麼？

差異化不一定是錢，可以是獨特的價值。沒有差異化，你無法在競爭中脫穎而出。比如在購物網站上，同樣的保溫杯有上百家位賣家，你要如何在競爭中脫穎而出？關鍵在於差異化。

我們這次的百分之百讓利就是一種差異化。這也是我們活動的策略之一。這次課程主要教你云創業，由9位講師輪流上課。課程安排是按照課表進行的，具體時段也明確標示，例如每日上午的晨會和操盤練習，晚上是正課時間。

晨會的目的是提升信任度，方式包括乾貨分享和行動的交代。因為人們不是一進來就買單的，必須經過認識、喜歡和愛上的過程，最後才會掏錢。通過晨會分享乾貨和行動指導，可以逐步提升參與者對你的信任度。我們常說的四個步驟是：認識你、喜歡你、愛上你、掏錢給你。

賺錢速遞

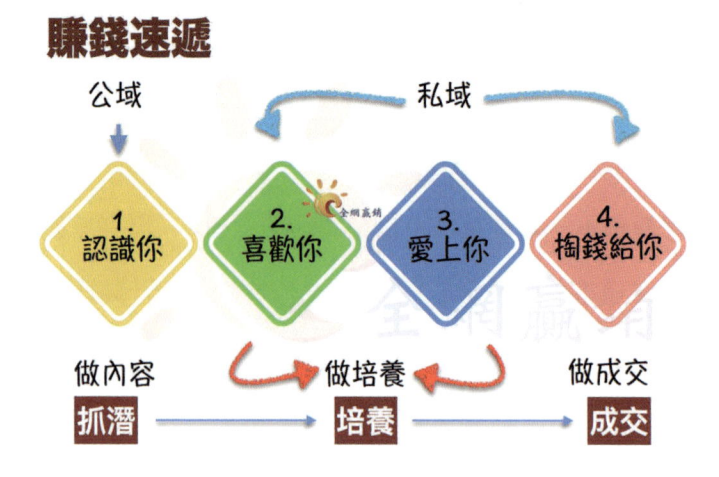

公域 → 私域

1. 認識你 — 做內容 — 抓潛
2. 喜歡你 — 做培養 — 培養
3. 愛上你 — 做培養 — 培養
4. 掏錢給你 — 做成交 — 成交

在 2022 年，我們通過晚上導讀結束后開放 QA，現場用語音回答問題，進一步提升信任度。 參與者提出的問題得到了解答，他們就會更加信任我們。 此外，我們還開放了一對一 20 分鐘的解答時間，同樣是為了提升信任度。

這一次，我們運用晨會的方式來提升信任度還有行動交代。比如，告訴參與者下午和晚上要做什麼。 通過文字引導，製造懸念，讓他們對下午和晚上的課程充滿期待。 這種行動指導是為了協助他們做出成交，並賺到 499 元。

通過這種方式，我們成功實現了高成交率。 這種多步思維和策略規劃，不僅吸引了大量精準客戶，還通過高價值內容和福利，建立了參與者的忠誠度和信任。

我們在 7 月 9 號正式開始課程，雖然第一個講師已經上場，但我們繼續銷售 499 元的課程，直到 7 月 17 號才截止。 這次活動與以往不同，這次是邊上課邊收單，直至最後一天結束，我們引粉了 378 人，成交 305 單。 即使有人只聽了一堂課，也可以通過重播觀看之前的課程，包括晨會的內容。 我們特別使用了 VooV 的 AI 功能，提供連結讓大家可以隨時重播，既可以聽也可以讀，連文字都有。

客戶要的不是便宜，而是佔便宜

在引粉入群之前，我先召開講師會議，告訴大家要準備好自己的私域群和鉤子。我要求每位講師準備五個贈品，因為鉤子隨時隨地都要釋放。 比如，下午為了促單，釋放一種贈品，晚上課程為了引粉再釋放一種。 如果引導人入群，還可以再放一種，這些都是為了讓客戶感覺佔到了便宜。

例如，我們的艾文姐姐送霜淇淋作為禮物，這也很有趣。你需要準備好禮物，因為"禮多人不怪"。客戶喜歡貪小便宜，他們要的是感覺佔到了便宜。這不一定是價格上的便宜，而是心理上的滿足。有時候，你說人家賣1000塊，我賣899塊，為什麼還是成交不了？因為價格低不一定能成交，關鍵是讓客戶感覺佔到了便宜，人家1000元是買大送小.....哈，客戶認為拿到2個，更好。你賣太低，說不定大家還擔心品質。

客戶要的不是便宜，而是"佔便宜"。比如，你通常賣1,200元的東西，今天賣1,000元，同時你有很多好評，大家都說之前都是1,200元買的，這時候客戶會覺得今天買到1,000元，賺到了，就會立刻下單。客戶要的是這種"佔到便宜"感覺，而不是單純的低價。

為了活動成功，我們準備了各種鉤子和贈品，隨時隨地都可以使用。活動中每天都有講師輪流主場，他們可以在群裡發佈特別優惠，吸引客戶下單。每天的成交都是精心策劃的結果，每一個細節都考慮到了人性。

< 解密期 >

我們繼續討論我們的解密期。前期我們通過後門期，招募了第一批 100 位客戶，給予他們特別的好處。這叫"後門優先期"。接下來是 9 天九位講師的課程"學習期"，這時已經裂變 305 人了......最後還有三天的"解密期"。

不要以為 9 天課程結束後就沒事了。實際上，我們在解密期安排了三天的課程，並提供講師再次登台吸粉的機會。這三天不僅僅是繼續講乾貨，更重要的是分享故事，創造共情。

在晨會中我們已經分享了很多乾貨，非常燒腦。這三天的解密期我們不能再繼續燒腦，否則大腦會疲憊。大部分時間我們會分享創業故事和成長經歷，這樣可以更好地與聽眾建立情感聯繫，達到共情、共識，最終共贏。

通過故事，聽眾能更緊密地與我們融合。比如，我會分享自己的創業故事和成長經歷。我們的大腦不喜歡純理論的東西，但對動態的故事情節非常感興趣。這是因為故事能讓人產生情感共鳴。

人的大腦有一個很特別的結構。小時候上課，你有沒有打瞌睡過？很多人甚至一路睡到畢業......因為人的大腦不喜歡理論的東西，不喜歡學習。

現在我們是成年人，你為什麼會來上課？可能是因為你遇到了問題，想要解決這些問題才來上課。而小時候上課是被逼的，早上起床非常不情願，因為知道去學校就是講理論。他不明白為什麼要學這些東西。

高中時，我們常常會質疑老師和家長，學三角函數有什麼用？畢業后還能用到嗎？幾乎都忘光了。人的大腦不喜歡呆板的理論和學習，而是喜歡遊戲和看連續劇，因為這些有故事情節，有起伏變化。大腦喜歡娛樂和刺激，所以如果一直給他燒腦的內容，其實不容易成交，因為他會說"我還沒學完，我還在頭暈"，我先看視頻消化......

所以，這時候你要開始走入感情交流。這是我們深度的核心，這些內容只有在"發售教練操盤手"課程中我才會深入講解。今天既然要復盤給大家，我就會詳細說。這些內容很多是非常深度的思維，只有在操盤手的班級里才教。

從小到大你可能會發現，上數學課時你會睡著，上國文和歷史課也會睡著，除非你遇到一個會講故事的老師。我曾遇到一個歷史老師，他會把每一個朝代的人物講得栩栩如生，就是通過故事吸引我們。

9天的晨會雖然燒腦，但當課程結束後，你還記得多少？可能有寫筆記的人記得多一點，但即使寫了筆記，你也不可能記得全部。你還記得我講過我自己的擺攤故事嗎？乾貨和故事，這兩者你記得哪一個？幾天過去了，大部分的人記住我的擺攤故事了，乾貨記住的沒多少！通過這個結論，你可以判斷為什麼後端不要再講乾貨，而是要用故事來讓他記住你。

你的故事能夠與他產生共情，創造共同的情感效果。如果你是小人物出身，經歷過痛苦的歷程，你的故事會與他產生共鳴。而那些含著金湯匙出生的人，他們的成功對普通人來說是理所當然的，無法產生共情。

這就是我解釋的為什麼後端不再講乾貨。如果一直講下去，三天三夜也講不完，我可以講三個月三年都有乾貨。但你要清楚什麼時候該拿出什麼內容，這就是我們的解密期。

解密期總結

瞭解人的大腦結構和學習習慣，利用故事來代替乾貨，是我們在解密期的重要策略。通過講故事，建立情感聯繫，產生共情效果，最終達到共贏的目的。這些深度思維是我們在操盤手培訓中深入探討的內容，也是我們活動成功的關鍵。

< 放大期 >

我們說的"放大"並不是把成績單誇大。不要把成交率80%說成99%。記住，網路上沒有秘密，所以不要造假成績單，這是沒有意義的。比如我們有十個講師，第一場的目標是100人，最終我們突破了100人。如果沒有達到目標，你說達到了，其他講師會怎麼想？他們知道真實情況的。

放大不是把100人說成200人，而是把一個事件從300人知道擴大到3000人知道，甚至3萬人知道。這才是放大的真正含義。另外，放大還包括下一場活動的銜接，使其能延續到下一個活動。因此，在解密的第三天和抽獎時，我們已經開始埋下下一個活動的鉤子。

這次，我們在最後一天抽獎活動時設了一個下一期的鉤子，我們開賣 100 元放大卷，下一期我們要推出"聯合造書，成名計畫"。 我們要出一本"云創業案例庫"合集。將有超過 20 位創業者寫出他們的創業故事和案例，當然，還有"成名"的活動。

請大家拭目以待哦…………

歡迎到本文首掃碼加我，領取《贏銷密技 109 招》。

還有誰想要超車實現夢想，提早追夢到手上？

洪成昌
追夢大學長 X 追夢變現教練

我是一名導演，影視作品將近300部，橫跨電影、微電影、MV、紀錄片、廣告、企業形象、政府宣導短片。電影代表作《盲人律師》《武當少年》

商業培訓，2週發售課程，收入30萬

line id : 316hong

加我送電子書
《你是傳奇-用好萊塢電影故事法，打造你的個人品牌故事》

你的夢想還在嗎？還是，已經放棄了？

你已經在追逐夢想的路上了嗎？還是，被困在生活的重重泥淖裡而無法動身前行呢？

或是，你正在實現夢想的路上，但卻因為錢的問題而被卡住了呢？

甚或是，你已經實現夢想了，但卻因為沒有更多人的支持、或是沒有足夠的收入、也沒有持續增長的顧客，因而無法繼續保有這個夢想了呢？

也許，你正面對著以下的類似狀況：

・明明很想辭職去開店，但卻害怕失敗而不敢有所行動、

・想當作家，卻怕餓死、

・當顧問或教練，卻一直找不到客人、

・做直銷做到沒朋友，也不知道怎麼去找到親友以外的顧客、

- 要跑業務，卻不知道怎麼開發客戶、

- 想網路創業，卻怕賺不到錢而不敢開始、

- 手上有好產品、好服務，但卻很難賣出去、

- 中年轉業或失業，不知道現在該何去何從、

- 有粉絲，卻不知道如何變現或擴大營收、

- 有演員夢，但只能到處打工並苦苦等待機會、

- 想當導演拍電影，但卻沒人、沒錢、沒資源、

- 想環遊世界，但錢一直都不夠、

- 想擁有自己的時間自由，但卻被困在窮忙的生活……

如果，你剛好有以上這些問題，我能完全理解你，也能完全感受你的感受。

因為，這其中大部份的情況就是我過去數十年的人生經歷！在多少個無助的夜裡，我痛苦地嚎啕大哭，憤怒地向天撕

裂吶喊、也曾因為債務而恐懼地到處躲躲藏藏！

但最後，我終於從這些困境中突圍成功！而且，不僅成功突圍，還給自己的人生寫下了一頁傳奇，更寫下了 2019 年臺灣電影獨立製片的票房紀錄！

是的！是電影，你沒看錯！

我是電影導演洪成昌，同時也是「追夢變現學院」的創辦人。

我專注在用「知識營銷術」幫助有夢想的人追夢不再卡在錢，而是在追夢的當下就能變現，讓每個人的夢想都可以超車實現！

追夢，要有尊嚴！

你可能覺得好奇：追夢，能變現？

是的，追夢就能變現！這也是我現在想要分享給你的！但過去的我，卻從來沒想過可以這麼做！

我跟大多數人一樣,都以為圓夢前要先準備好一筆錢,但也因為這樣,我耗損了我的大半人生。因為我想拍電影,所以我把時間、精力都耗在「賺錢」、「存錢」、「借錢」、「籌錢」的惡性循環裡,而這一耗就是幾十年,而我最心愛的電影創作,卻只能在這些耗損中被犧牲了。也就是說,我無法把時間花在我最擅長的電影創作上,而是耗在讓我失去時間、失去尊嚴的籌錢上。

　　另外,可別以為我是電影導演,自然就擁有社會地位,走到哪兒都會受人尊敬!從表面上看,似乎是這樣,但其實,只要話題一談到以下的狀況,現場氣氛就會從熱絡瞬間冰凍,然後,對方就會改變話題,不然就是藉故找別人聊天去了。

　　Ｈ先生:「那接下來,洪導演的下一部電影要拍什麼呢?」

　　我:「《大師時代》,講窮人翻身、素人變牛人的故事。」

　　「哇!感覺起來很勵志……。」Ｈ先生很熱情地回應我。

　　「是啊!而且,我想要讓電影不只是電影,因為我要帶著所有參與這部電影的人,都能用電影主人翁成功翻身的方法,一起在真實生活中成功喔!」我開心地述說著。

「這樣很棒喔,那洪導演現在進行到哪個階段了?」

「還在前期的募資階段,含電影行銷要募到 3,500 萬。」我說。

「喔⋯⋯」H 先生放慢了講話的速度:「拍電影真的是不簡單⋯⋯。」

「是啊!蠻難的⋯⋯。」我說。

H 先生突然少了之前的熱情,但仍然帶著笑容:「祝洪導成功,洪導加油⋯⋯。」

然後⋯⋯他就跟別人打招呼去了⋯⋯。

別人一知道我是導演,就熱情、好奇;當一聽到我要募資拍電影,空氣就瞬間變冷,談話經常都會草草結束。

這就是我生活的日常:表面風光,內心徬徨!

於是，我厭倦了這樣的對話！更厭倦了看別人「防衛」我跟他募資的那種害怕又虛偽祝福的表情。所以，我告訴自己：追夢，要有尊嚴！

那後續我如何找到追夢的尊嚴？如何不讓夢想卡在錢？甚至，只用 2 個禮拜做一場發售活動，就賺了 30 萬？而且從此讓潛在顧客自己來找我呢？

現在，請你先看看我的故事，因為，重要的關鍵心法都在我這個故事裡了：

當手上的產品沒人要、賣不出去的時候……

我因為在國小五年級看了人生第一部電影而被震撼到之後，就開始有了當導演拍電影的夢想。原本，我以為「追夢」是一場浪漫的旅程，但是，現實的世界，卻是無情與殘酷的！我為了這一場電影夢嚐盡了幾十年的人情冷暖，更是受盡了生活的苦難！

2002 年，我從軍中退伍之後，一心就想圓這場電影夢！

而一位素人導演拍電影最大的苦難就是「錢」！因為，就算只是拍一部簡單的時裝電影，起跳也要幾千萬的製作費，而我這個素人導演在沒有知名度之前，根本不會有人捧著錢來投資我拍電影的。因此，我必須自己想辦法去籌錢！所以，我拼命地接案賺錢、存錢。同時，我也拿著我初次創作的電影劇本《武當少年》親自到大陸去拜訪各個電影製片場與電影製作公司，尋找這部電影的製作機會。

直到 2007 年，我 33 歲。

這時，大陸有人對我的電影劇本《武當少年》有興趣，說有意願一起合作來拍這部電影，他們會投資電影的部分經費，但剩下的經費要我自籌，於是，我為了把握這個難得的機會，並把這部電影的自籌資金籌到，我就到處去借錢！我跟銀行借錢、跟父母借錢、跟家人借錢、跟朋友借錢……．再賣掉自己的小套房、還有車子，總共籌措了 300 萬！

但，沒想到一到大陸，我的錢就被大陸製作方侵佔了！

原來，我被騙了！

之後，我負債累累地回來臺灣。

那時的我，已經身無分文，也把爸媽的勞保退休金給用光了！

我深感對不起家人、朋友，但又毫無辦法。

但即便再傷心、再自責、再沮喪，我得想辦法還債！

於是，我展開了夜市賣冰的人生，接著更在巷弄裡賣起了水餃，然後，再零星接一些結婚錄影、工商廣告、微電影的影片來拍。

就這樣熬了 10 年，雖然把身體搞壞了，但是，也終於把債務還清了！

這時，時間已經來到了 2017 年，那時，我也已經 43 歲了。

但，我內心裡對拍電影的渴望從來不曾停止，在這段還債的期間，我仍然碎片化地創作著電影劇本，最後，終於完成了《盲人律師》的電影劇本創作。

於是，我又開始籌募電影資金！

終於，這次在許多人的支持與幫助之下，我籌到了 700 萬的資金，但，這遠遠不夠一部標準電影的製作費，在臺灣拍一部電影，製作費至少要 3,000 萬，才能拍出電影規格，但，我的錢就只有這麼多，於是，我就用「微電影」的拍攝手法來製作這部我心中要上電影院播映的院線電影《盲人律師》。

2019 年，我終於把《盲人律師》製作完成，心中十分雀躍，滿心期待著就要在電影院看到自己努力一輩子終於誕生出來的電影了！

但，沒想到當我拿著《盲人律師》去找電影發行商時，結果卻不像我想的那樣！現實是：他們不要我的電影，這部《盲人律師》，沒人要！

他們說：

「700萬的小製作，沒有電影質感！」

「這種法律題材太冷門！」

「導演沒有知名度！」

「沒有能扛票房的演員！」

再加上我沒有足夠的行銷預算，所以發行商紛紛拒絕了我！

但，我又沒有業界人脈，該怎麼辦？

此際又伴隨著向政府申請電影輔導金，卻被評審委員認為我這部電影沒有商業價值而申請失敗的消息傳來，於是，我更加挫敗了！

我非常非常沮喪，但，我也不想放棄！

因此，在擦乾眼淚、重新整理心情之後，我告訴自己，既然沒有人要我的電影，我就自己來賣！

但是，我從來沒有賣過電影，也不曉得怎麼賣電影，根本就不知道怎麼開始！後來，我開始上網找資料來學習電影行銷，但是找來找去都是需要花大錢才能去做的方法，可是，當時我籌募的 700 萬都已經花在電影的製作上了，我身上根本就沒有錢可以去做這些網路上所講的電影行銷。因此，我必須去學習我自己一個人就能做「銷售」的方法！

於是，我再次上網自主學習，我找到了全世界第一的銷售之神「喬•吉拉德」的相關資料、我也找到了全世界第一的行銷之神「傑•亞伯拉罕」的演講與著作，所以，我開始瘋狂地研究這二位全球第一的銷售方法與行銷策略。

終於，我從他們的身上，找到了自己有可能突破的方式！

喬•吉拉德說：賣產品之前，先賣自己！

所以，我在賣電影之前，我要先把自己賣出去！

傑·亞伯拉罕的行銷策略，讓我知道運用「魚塘行銷」的方式把自己賣出去：用最低的成本，或是零成本的方式，免費向人們提供他們所迫切需要的價值來做銷售的引流。

老方法，不會有新結果

於是，我總結上述二位大師的精華，提煉出一套「知識營銷」的方法，並擬定出短平快的電影行銷策略：運用我所會的「知識」來免費為人們創造價值，然後，讓人們可以快速地認識我、熟悉我、相信我，繼而讓他們願意支持我的電影，如此，我便能直接銷售出《盲人律師》的電影預售票。

而且，由於新電影的生存週期很短，從宣傳、上映、下架，也只有幾個月而已，所以，我就立下電影行銷的總原則：我不求人，讓人來追！

我要用免費的知識演講來引流電影售票，並讓人主動來邀請我去分享，我要讓人自己來追我、邀請我，我再也不要去求人了。另外，也只有讓人主動來找我，速度才會快、成效才會高；不然，如果走傳統的銷售、電訪陌開的方式，一定會面臨到許多拒絕，而這些拒絕又會帶來更多的挫折，如此，不僅耗損我的體力心神，更耗損了新電影《盲人律師》的可生存時間。

更重要的是，我必須改變我的舊認知才能達成「讓人來追」的目標。

而這個改變，必須要從這個令我不舒服的觀點開始：放下自己的產品（電影）！

過去，我一向以我的「故事」、「編劇」自豪，因為我的編劇能力、故事精彩的程度，都是臺灣少數導演能達到的，所以，我想要以這些成就、價值、觀影感受（產品功效）來切入，吸引人來看我的電影。

但，從這二位大師的身上，我看見了成功的營銷都是先專注在顧客的痛點、需要、渴望與夢想上，所以，我不能一開頭就跟別人說我的導演理念、故事內容、電影製作、社會價值……等等以產品思維為中心的話題。於是，我開始從我身上去

挖，挖出我會的「知識」，又能幫助電影推廣，同時又是電影的目標受眾所

在乎的痛點、需要與渴望。

後來，真讓我找到了！

鎖定顧客痛點，專注讓他們成功拿到結果

由於《盲人律師》是屬於法律鬥智型的電影，所以，電影的受眾就會是「中產階級」的知識份子，而這些人在生活與工作最主要的痛點、需要、渴望就是：人的相處、工作績效、自我提升，而我身上最能幫助他們的，就是身為一個導演所擁有最厲害，卻是這些目標受眾所沒有，又急邊需要的「創意」！

於是，我就為他們規劃出一套創意課程，來解決他們「人的相處、工作績效、自我提升」的問題，並把焦點擺在如何讓他們在聽完我的分享之後，立馬拿到結果。接下來，我就用 PPT 簡單排版了我的演講公告的電子海報，演講題目為：「導演教你爆款金創意」，然後把這張電子海報 PO 在我的個人臉書。

結果，神奇的事情發生了：

· 半年內我被主動邀約演講破 140 場，不須透過請託或電話陌生開發。

· 半年內我個人銷售電影預售票破 100 萬。

· 《盲人律師》上映，總票房 625 萬，破 2019 年臺灣獨立電影製片的票房紀錄。

· 《盲人律師》進入臺灣國片商業票房前 25 強，第 20 名。

透過這一役，我徹底領悟到：「會營銷，才有自由！」

而用知識來做營銷，超直效！素人可以變牛人，窮人可以變富人！

於是，我開始提升，把知識的營銷、知識的分享網路直播化！

進而開始打造自己的線上網路教室，開創自己的網路學院！

2022 年 8 月，我小試伸手，用 4 分鐘的短片，就獲得了 3 萬多元的收入。

2023 年 4 月，我用 1 篇貼文就創造了 7 萬元的收入。

2024 年 7 月，我用 2 週的發售活動就創造了 30 萬的收入。

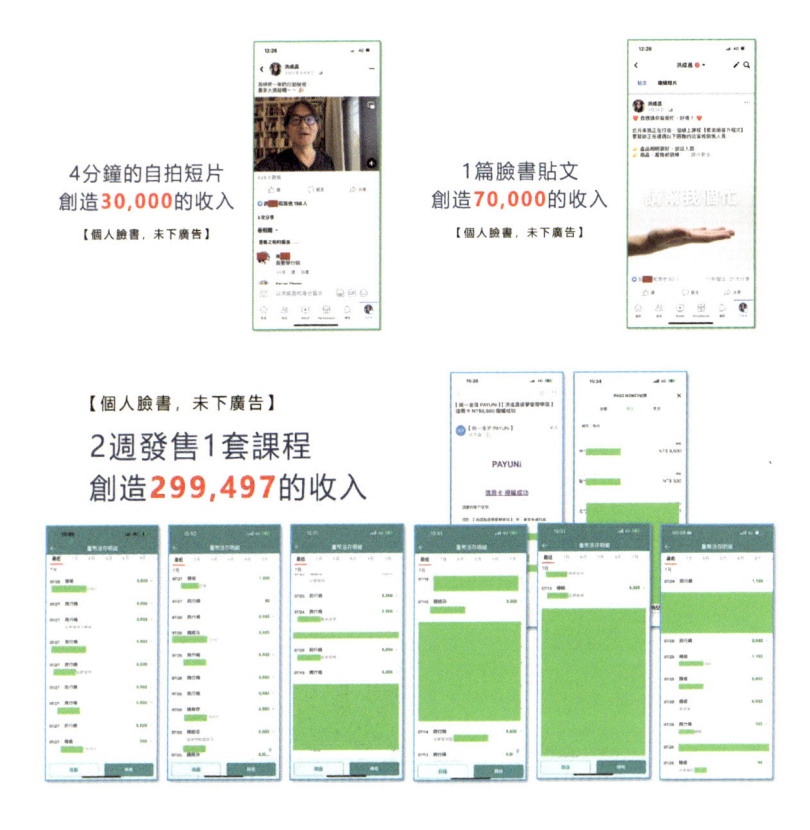

4分鐘的自拍短片
創造 **30,000** 的收入
【個人臉書，未下廣告】

1篇臉書貼文
創造 **70,000** 的收入
【個人臉書，未下廣告】

【個人臉書，未下廣告】
2週發售1套課程
創造 **299,497** 的收入

有夢想，讓你的未來偉大，會營銷，讓你的現在強大

終於，我用營銷為自己的未來打下了一片新天新地！因此，我有感而發，為我這一趟營銷學習與用營銷拿下成果的旅程下了一個註解：

有夢想，讓你的未來偉大；會營銷，讓你的現在強大！

接下來，我就想把我這些領悟與方法分享出來，幫助跟我一樣為錢所困的人們，所以，我就試著舉辦了「追夢變現特戰營」，希望能讓那些正在走我以前苦路的人們可以早日翻身，尤其是那些有夢想但卻卡在錢的人。

結果，「追夢變現特戰營」成功幫助學員只用2個小時的直播分享，就賺了至少1個月的薪資收入，進而打開了他們的網路變現之路，加快了他們實現夢想的時間。

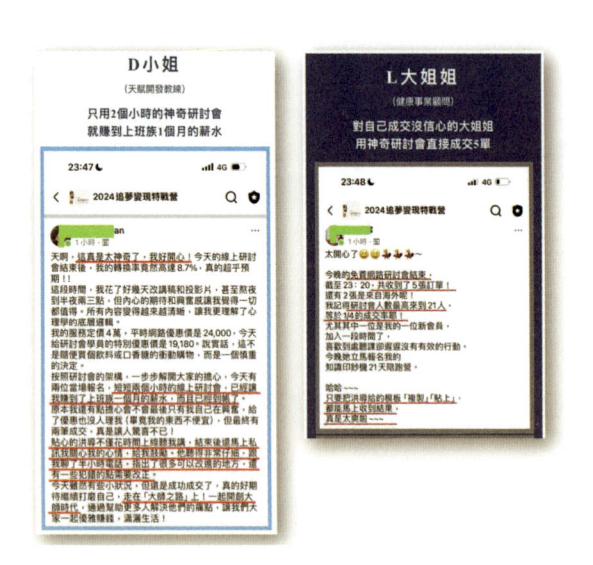

追夢變現，讓夢想超車實現

現在，你一定很想知道，到底怎麼「追夢變現」呢？

其實，它總共就 5 個步驟：

1. 傳奇故事：把你的夢想打造成一則具有傳奇性的品牌故事

2. 專家磁鐵：建立即使是素人也能像明星一樣吸粉的專家磁鐵

3. 動心文案：寫出讓潛在顧客對你動心而來的文案

4. 獲客神器：搭建讓人對你源源不絕而來，又能留下來的自動獲客神器

5. 變現講座：舉辦一場能成交的變現講座，而且一對多批量成交

現在，為了讓你能有效建立你的追夢變現根基，我有準備一本電子書《你是傳奇－用好萊塢電影故事法，打造你的個人品牌故事》要送你，請到本文首頁掃碼加我領電子書

小白如何輕鬆做成交

Eddy 創富教練

協助夥伴每月精準引流 50-100位潛在名單，僅花數小時，透過簡單的技巧，月月都有新客戶

line id：0929398795

加我免費送《快速成交密技》電子書

你是否在銷售的過程中常常遇到，認真介紹完一個產品，但顧客卻好像興致缺缺，儘管講了數小時之久，結果顧客還是回應你，「好貴」或「我考慮一下」？儘管老師或週邊的朋友告訴自己，成功的就是得堅持與努力，但是成交率仍舊無法提升呢？

事實上懂得行銷、做好品牌定位，經營自媒體擁有大量粉絲等等固然重要，但最終實現銷售轉換才是關鍵。因此我希望透過本次分享，幫助正在閱讀的你提升成交率，突破困境，最終實現你的目標。

我的學習歷程

三年前的自己與大多數人一樣，只是一個普通的上班族，朝九晚五，固定的生活模式，擁有穩定的工作、看似一帆風順的人生。然而，2021 年疫情衝擊導致萬物皆漲的情形讓我意識到，自己必須跨出這種舒適的狀態。我開始意識到現狀的不滿以及對於未來的不確定性，尤其當同事為了實現買房和照顧母親的夢想而辭職時，我便開始思考自己的人生目標，在這樣安逸的環境是否能夠實現。

因此，我開始學習的旅途，舉凡電商、投資、行銷等等無一不學，我才發現學習不僅能夠認識各行各業的人，更能改變一個人的思維，當然，一位小白踏出舒適圈要能有持續性的收入並不容易，傳統銷售的邀約模式更是令我遲遲無法行動，聽過太多的案例就是被貼標籤，害怕破壞人脈等等，直到我學習到了一套方式才有所突破，也就是透過線上一對多進行的模式達成最後成交的目標。

為什麼會選擇這種模式呢？因為這種模式是讓有需求的人主動找你，而不是被動地推銷產品。然而，剛開始的這條路上似乎並沒有想像中的順遂，一個上班族，在初期沒有任何技術、背景和知識的情況下，　該如何起步？沒有任何的專業，又有誰會聽你說話呢？

「合作」便是縮短這條路的捷徑，在學習的路上不乏認識各行各業的朋友、前輩，每一位朋友、前輩身上絕對都有值得自己借鑑的地方，如果沒有技術，就找有技術的人合作；如果沒有資金，就找有資金的人合作；如果沒有粉絲，就找有流量的直播主合作。透過這種「槓桿借力」的方式，在學習變現的路上成功節省了大量時間和精力，只要學習，改變固有的思維，並透過與他人合作的模式，小白，其實也能快速開創自己的事業。

為什麼每個人都必須學成交

成交不僅是一種銷售技巧，更是一門溝通的藝術。透過學習這門能力，可以提升人際溝通能力，進而改善人際關係，並幫助你的事業發展。

成交的學習適用於各行各業，不僅是銷售人員需要掌握，上班族同樣需要，甚至生活中我們無時無刻都在成交別人。思考一下，學生時期，下課鐘響，是否對朋友說過，要不要福利社買點心？在夏日炎炎的生活中，你是否問過朋友要不要喝一杯清涼消暑的西瓜汁？公務機關每年需要購買設備時，是否都必須需要列出預算與需求，提出說明讓市政府批准購置？投顧公司擁有投資上的專業，是不是需要成交萬千的股民，付費擁有專業的諮詢，以便在充滿風險的股市中賺到額外的收入？

生活中小至日常瑣事，大致工作需求、招募夥伴，每一個接納他人意見的當下，便是成交的成功案例，如果你也想讓人接納你的意見並付費給你，那便得學會成交這門功夫。

付費，真的重要嗎

我曾經有朋友說他想要瘦身，於是我就很好心的每天都教他飲食的觀念，但結果如何？儘管他問得再多，聽得再多，卻絲毫未有任何行動，結果當然可想而知，反觀我太太最近花了一千五百元報名了一個月份的線上運動課程，相較以前我跟他去跑步，有時候覺得好累於是在家休息的情形，如今的她每課必到，每次都從八點準時上到了九點，甚至還邀我一起去迪卡農買了許多運動器材。

這是什麼原因？當一個人願意為一個服務或課程付費時，他們通常會更認真地參與和投入。付費不僅是對服務的認可，也是對自己目標的承諾。成交過程中必須克服收錢的恐懼，因為只有當顧客願意付費時，他們才會認真對待產品或服務。

成交一切都是為了愛，成交不僅是為了收錢，更是一種幫助他人解決問題的方式。當我們在某個產業提供產品或服務時，成交的目標應該是為了幫助客戶解決問題，而不是單純為了賺錢。透過這種方式，我們才能夠真正為他人帶來價值，也才能夠永久留住顧客。

透過收取費用，不僅可以激勵客戶更加認真地對待他們所購買的產品或服務，同時也使服務提供者肩負起相應的責任，確保他們提供的內容是高品質的。付費是一種承諾，既是對客戶的承諾，也是對自己的承諾，以確保雙方都在這個過程中得到真正的益處。

過去不等於未來

過去有個女生，雖然她起初在舞蹈方面沒有天賦，跳舞同手同腳，但透過不懈的努力和一首《舞孃》成為了全球知名的歌手，她叫做蔡依林；過去有一個默默無聞的打工小弟，透過吳宗憲的支持，將自己非凡的音樂才華發揚光大，最終成為國際巨星，他叫做周杰倫。而美國的一位名人，喬吉拉德，被譽為世界最偉大的銷售員，但他早年生活貧困，不緊學歷不高，35 歲前做過 40 多種工作，但憑藉信念和努力，連續 12 年平均每天銷售 6 輛汽車，至今無人能破。

因此，你能同意嗎？每一位成功者都是相信著「過去不等於未來」的這份信念，透過不斷學習和努力，才有如今的成就。

不是每個人都是你的客戶

然而，在成交的過程中，「被拒絕」固然是一個令人失望的結果，但卻是正常的現象，為什麼這麼說呢？臺灣佛教最具影響力人物—證嚴法師，儘管到處佈施，宣揚慈善的理念，但並不是每個人都加入慈濟；同樣的，基督教的中心人物—耶穌，儘管在全球有數億的信徒，但並不是每個人都信仰基督教。這表明，即便是最有影響力的人，再會演講、使命感與理念多麼偉大，也無法成交每個人都加入他們的團體。

因此，我們在銷售產品或服務時，不可能每次都成功地與客戶達成交易。被拒絕是銷售過程中的一部分，不應該因此而感到氣餒或失去信心。重要的是瞭解顧客需要的是什麼，如何找到有需求的客戶，瞭解顧客的問題，提供解決方案，同時不斷優化自己的能力與流程，才能逐步提高成交的機會。

你選擇業務員還是顧問

業務員通常給人的印象是什麼？推銷、害怕、唯恐避而不見，而顧問呢？通常則被視為專業人士。當我們生病時，便是去診所找擁有執照的醫生看病，有瘦身需求時，便是去健身房找專業的健身教練，顧問給人的印象便是專業的教練，成交率要想提升五倍、十倍，比起推銷，更適合將自己定位為顧問，建立自己專業的形象，將教練的認知植入在對方腦中，因為顧問的角色更能給人專業、可信賴的印象。

成為顧問的關鍵在於不斷提升自己的專業能力，並將這種專業的形象透過有效的方式如自媒體、FB、IG 等平台曝光。當顧客在需要相關服務時，他們自然會想到你，因為他們心中已經對你的專業留下了深刻的印象。這種方式不僅能提升成交的機會，也能改善個人形象，讓成交過程更省時輕鬆。

讓顧客自我成交的關鍵技巧

如何有效的成交客戶，過多的說辭往往會引起客戶的反感，因為市場上充斥著各種產品和服務，做保險、業務、房仲、直銷的人數十萬計，而每個人都在宣稱自己的產品最好，如果你是顧客，你會選擇誰呢？事實上你同意嗎，說得越多，顧客的腦袋反而變得更加謹慎和防備。

這個年代的成交並不是靠「說」的，而是靠「問」的。透過提問，我們可以更了解客戶的需求和痛點，從而提供更有針對性的解決方案。當銷售人員過度推銷產品時，客戶可能會感到被操控或被貼標籤，反而會增加他們的防禦心理。

以電話行銷為例，說明過多的資訊轟炸只會讓客戶感到煩躁，最終導致掛斷電話或拒絕購買。因此，業務人員應該透過有策略的提問來引導客戶自我成交，讓客戶自己意識到產品或服務的價值，而不是被動地接受資訊。學會問問題不僅能有效降低客戶的戒心，還能幫助銷售人員掌握對話的節奏和方向，掌握主導權，提高成交的機率。

為什麼要用問的

問問題，真的重要嗎？

為什麼在銷售過程中使用提問的方式能夠有效促進客戶自我成交。事實上，問問題能夠創造互動，這是一種尊重對方的表現。當銷售人員透過提問與客戶互動時，客戶會感受到他們的意見和回饋被重視和傾聽，這種尊重有助於建立信任感。

人與人之間的互動，不是你影響我，就是我影響你，我們每天都在影響別人，只是我們通常影響的都是周遭的人，但若以陌生人來說，對方為什麼要聽你說呢？我們如何讓陌生人願意聽我們說呢？答案便是會「問問題」。

有位女生來買衣服，店員看到了就問這位女生說，你想要買什麼樣的衣服呢？客戶就說他想買外型時尚，看起來符合潮流一點的，於是店員便拿了三件最新帶有時尚感的衣服，介紹著每一件衣服的剪裁與特色，而客戶也始終聽著他的講解。於是店員邊說心裡邊想著，成交應該只是從中選出一件就好了吧？結果不然，客戶雖然聽著店員滔滔不絕的說著，卻總是在考慮著什麼。

這時店員的主管發現了便跟店員說「接下來由我介紹吧！」

於是改由主管接手，主管先是與客戶聊天，接著便問了客戶一個很重要，同時也是店員從來沒問過的問題。主管問客戶：「你『為什麼』會想要買有時尚感的衣服呢？」這時，客戶居然開始侃侃而談的說，因為下個月就要出發去土耳其了，難得出國一次，當然要穿的時尚一點，拍上好幾張的美照，為自己留下好多好多的照片⋯於是二人越聊越開心，就這樣，主管便成交了這個客戶，而客戶也買到了心目中的衣服。

在這個案例中可以清楚看到一件事，許多人都具有相當的專業，但成交的重點是什麼？初階的業務擺在如何把產品介紹好，而高階的業務更瞭解客戶的需求，甚至問出客戶的真正問題。

問句影響腦袋

在一次的課堂上我問過同學一個問題,請觀察下方圖中有多少紅色的圖案,大多數人都可以很清楚的回答:5 個,然而當跳至下一張投影片後,又問了每位朋友,在剛剛的圖案中有多少種不同的顏色,有人回答三種,有人回答四種,甚至有人回答 5 種,至少有了三種不同的答案。

為什麼會有這種情形呢?因為人的大腦只會專注於問題的當下,當銷售人員提出問題時,客戶的注意力會被引導到特定的方向,從而影響他們的思考和決策過程。

這種方法無論在聊天、演講，甚至談判中都非常有用，透過精心設計的問題，銷售人員可以引導客戶專注於產品或服務的某些特定方面，讓人的腦袋被問題所主導，從而引導他們自我思考成交，最終達到自我成交。

你，真的會問問題嗎？

人都不喜歡被推銷，人腦都有一道防火牆，而如何繞過這道防火牆，問句便是其中一種簡單又容易的方法。

有個例子是這樣的，在某個放學的晚上，孩子寫作業寫到一半時突然想要看電視，便問媽媽：「我寫作業的時候可以看電視嗎？」，母親當然想著：「孩子！怎麼能邊寫作業，邊看電視呢？功課寫完再說」。然而，孩子某天仍舊在寫作業，但卻突然奇思妙想的說：「媽媽！那我看電視的時候可以順便寫作業嗎？」，各位媽媽們，你覺得呢？看電視還想到要寫作業，是不是覺得孩子格外認真呢？相同的情形，卻因為問題的順序不一樣，帶給人的想法也截然不同。

再舉個例子，某位販賣保健品的銷售人員好不容易介紹完了產品，因此問了客戶一句：「你覺得我的產品怎麼樣呢？」正常的顧客一定會有好幾個答案，「還好」或是「還不錯吧！」，但自從他學會如何問問題後，每當他介紹完產品，問的問題變成：「親愛的顧客先生，請問你聽完之後，這款可以讓你不運動、不吃藥、不打針、不節食就可以輕鬆瘦下來的產品，你覺得如何呢？」因此，他得到的答案相當大的機率都是正面的答案。關鍵的秘密便是因為他已經被引導去專注於產品的優勢。

提問的順序在溝通和銷售中起著關鍵作用。透過精心設計問題的順序，可以有效引導對話方向，突顯產品或服務的優點，進而提高成交的成功率

問句的類型

開放型和封閉型問題的區別以及它們在銷售中的應用。開放型問題是那些能引發多種答案的問題，通常用來了解客戶的需求。在銷售初期，透過提出開放型問題，可以更深入地了解客戶的痛點和需求，從而在後續階段提供更具針對性的解決方

案。相對地，封閉型問題是二擇一的問題，主要用於銷售的後期階段以促成成交。這類問題限制了客戶的回答範圍，使他們更容易做出具體的決策。有個夫妻間的對話是這樣的

老婆想買衣服時總是問：「老公，你想不想要我開心？」

老公：「當然想阿！」

老婆：「那你覺得買什麼給我我會開心呢？」

老公：「不就是買衣服嗎？」

老婆：「既然你想要我開心的話？是不是該買衣服給我了呢？」

這時，老公心中開始天人交戰，遲疑了一陣子默默不語…

老婆便問說：「你覺得你有說不是的權利嗎？」

老公當然不假思索的便說：「當然沒有呀！」

老婆：「那你是想要刷卡還是付現呢？」

有發現嗎？成交的過程便是透過一系列問題引導他做出購買的決定，最終在封閉型的問題上，只能在「刷卡」或「付現」之間選擇。而這種方法有效地減少了客戶回答其他答案的可能性，增加了成交的可能性。

證明遠勝於說明

銷售過程分為開場、中場和成交環節。開場佔了能不能成交的百分之七十，因為它決定了客戶是否願意繼續聽下去。中場階段，不須講內容，而是更注重講結果或故事，因為這能更有效地吸引客戶的興趣和解決他們的痛點。

有位患有飛蚊症著的患者來到藥局想試著看看葉黃素是否有效，老闆在介紹葉黃素時，詳細講述了產品含有葉黃素24mg、蝦紅素20mg，還含有山桑子與智利酒果，添加多樣專利，對於眼睛的保健相當有效，而第二家老闆卻一個成分也不說，只說了我們這款葉黃素經過調查，1000位顧客中有眼睛酸澀的人吃了30分鐘見效，飛蚊症的客人90%的人都有正面的回饋。顯然，顧客是購買第二個老闆的產品，比起成分，客戶更關心的是產品能否解決他們的問題，而不是產品的具體組成。

比起理論，人更喜歡聽故事，在銷售過程中透過故事和結果更能吸引客戶的重要性，這樣的方法能夠更有效地與客戶產生共鳴，建立情感聯繫，並促使行動。

成交率如何提高

提高成交率，最有效的方法就是透過學習，尤其是向那些已經成功的人學習。市場本身就是最好的老師，因為它能直接反映何種成交策略是最有效的。

參加說明會，觀察並學習那些能夠成功成交的人是如何進行銷售的。聽 momo 購物頻道或參加說明會不僅是為了購買產品，更是為了學習他們的銷售策略和說話技巧。透過觀察他人如何設計活動、如何互動和促成成交，可以幫助銷售人員理解成功的背後邏輯，並將這些策略應用到自己的銷售實務中。

想要在某個領域中脫穎而出，就應該去向該領域中最頂尖的人學習，因為這些人擁有經過已經驗證可行的成功技巧和策略。例如，如果想學習行銷，就應該去找那些非常擅長行銷的人，或是去學習他們的課程和經驗。透過親身體驗和記錄成功的銷售策略，可以快速提升自己的成交技能。

只有成為一個"消費高手"，才能成為一個真正的成交高手，如果你也想提升自己的成交率，歡迎加我，送你三本快速成交密技電子書。

歡迎到本文首頁加我，送《加速成交密技》電子書。

從成功企業家到
與南海觀世音菩薩的神秘約定

開運姐姐　通靈靈學老師

人之所以苦，苦在迷？苦在不知所措？！

找我助你走出迷茫，化解煩惱，提升能量，調整磁場，讓你萬事都亨通！

Line官方帳號：lolitatsai
加我，輸入#999 送2大好禮：
送你一對一磁場確認，助你提升能量，
讓你財源滾滾，好運連連
再送你，你的生命靈數解析，
幫助你清楚你的人生課題！

38歲那一年，我在一間廟裡拜拜時身體突然被定住，動彈不得，只剩可以點頭搖頭，連開口說話都沒有辦法......直到廟裡的師姐跟我說：南海觀世音菩薩要你履行你19歲時跟祂的承諾！問我可以履行祂和我的協議了嗎？在我點頭的當下，我的身體才恢復正常的行動！

回顧19歲那一年，觀世音菩薩要我成為祂的代言人，當時因為我還年輕，所以我沒有答應觀世音菩薩，於是觀世音菩薩跟我說：好吧！再讓你玩19年......

本身我是非常鐵齒的人，傳達訊息的師姐並不認識我，卻知道我跟觀世音菩薩曾經的約定，因為有這一股外力的介入體驗，讓我不得不相信維度空間有一股你不可以不信的力量～

之前我的工作是飾品設計師，本身也是公司的負責人，我的飾品都跟各大服裝品牌有合作關係，公司的營業額也很好，每個月起碼我都可以淨利潤500萬，但因為我要做神佛的代言人，需要為別人服務，所以現在只能全職做身心靈靈學方面的諮詢。

最近我處理的案件都是偏向精神官能症方面的問題，在我的 FB 社群

"開運萬事通"裡面有詳細介紹我的諮詢案例，有興趣的朋友可以去搜尋瞭解。

人之所以苦！苦在迷？苦在不知所措！

我的工作屬性比較偏向於靈性方面的，也就是所謂的"通靈"，藉由神佛給我的訊息來幫助一些不知如何選擇未來方向的朋友。當你用盡了各種方法還是找不到解決方案的時候，或者是生病了，怎麼看醫生都找不到問題點……這個時候你就可以來找我諮詢~

人之所以苦！苦在迷？苦在不知所措！

我整理了很多諮詢客戶面臨的普遍性問題以及解決方案，我統整以下幾項對你有幫助：

常見問題 #1：感到煩躁不安，無法集中精神

許多人在生活中可能遭遇這種情況，這往往是因為他們的內在能量受到干擾。這時要透過能量調整和磁場平衡處理，讓你重新獲得內心的平靜與專注，從而更好地面對生活中的挑戰。

常見問題 #2：缺乏安全感，對未來感到迷茫

這是許多人在快速變化的現代社會中常見的問題。要透過與原生家庭源頭的連結，找到你的問題癥結點解除不安，重新設定建立對未來的信心，並提供指引，讓你在面對人生決策時不再感到不知所措。

常見問題 #3：能量無法提升，感覺被困住

能量低落往往讓人感到疲憊和無力，這可能影響到工作效率和生活品質。與我交流，教你學習如何與自己的內在能量對話，提升個人能量，進而改善生活品質。

常見問題 #4：磁場受到干擾，無法吸引正面結果

這可能導致你在關係、職場或其他生活領域中遭遇困難。我會幫助你識別並清理任何干擾你磁場的負面因素，讓你能夠

以更積極的人生態度面對生活結果。

常見問題 #5：缺乏生活目標，感到迷失

當你不知道該朝哪個方向努力時，容易感到迷失和無助。我帶你設定個人目標，幫助你把心中的願望顯化並提供方向感，讓你的思想情感與期望的結果對齊，讓你的人生更加有序且有意義。

常見問題 #6：面臨重大人生轉折，感到焦慮

無論是職場轉型還是個人生活的變化，這些轉折點都可能帶來壓力，我會提供富有洞察力的建議和支持，幫助你平穩度過這些關鍵時刻。

常見問題 #7：自信心不足，無法充分發揮潛力

自我懷疑會限制個人的成長與成功。我可以協助你增強自信，讓你更有勇氣去追求自己的夢想和目標。

常見問題 #8：人際關係緊張，無法和諧相處

人際間的誤解和衝突常常使人感到孤立。我會提供和諧人際關係的技巧，幫助你在人際關係上能有更好的溝通力和理解力。

常見問題 #9：無法處理壓力，影響身心健康

現代生活的快節奏常常讓人感到壓力山大。我會教導一套有效的壓力管理方法，幫助你保持身心健康，提升生活品質。

實例 1_ 神秘療癒之旅 .. 靈魂的救贖

第一段：危機中的呼救

我是一位音樂教育家，今年元月份時經由大學同學介紹而認識蔡老師。我的兒子今年15歲，從小他就非常聰明和早熟，自從升上國中以後他的行為舉止開始變得非常奇怪，一開始他會拿著水果刀傷害我和他爸爸，後來卻時常拿著刀子在我和學生面前揮動怒罵，造成我們都很恐慌。今年他上了台北市的一所高中，他跟我說在學校時總是會聽到有人跟他說話，還會看到長的很奇怪的人出現在他面前，甚至於一直叫他去死，說他

是個廢物，趕快去死，不要再害人了~他受不了這些言語和指責，在我去日本時，在學校跳樓自殺。收到通知時，我驚嚇到不行，我兒子怎麼會變這樣？小時候他可是有受過智商測驗後認證的天才啊！無論德語日語英語，他總是無師自通，沒上過正規語言學習，卻都會基礎對話，他是我的驕傲啊！我的老天爺！我兒子到底是怎麼了？

第二段：靈界的對話

我大學同學來醫院探望我兒子，跟我說他認識一位法師，住在台北市，什麼疑難雜症她都會處理，妳要不要試試看...當我還在猶豫時，兒子竟然跟我說：「媽咪，我要見這位蔡老師，上帝要我找她，只有她可以救得了我！這是神的旨意，無論如何，請妳幫我約她...」我打電話給蔡老師時，她跟我說這陣子的預約都滿了，沒辦法馬上處理，但是兒子一直要我跟蔡老師說：「老師，無論多晚，請您撥空給我，今天我無論如何一定要等到您！」我很訝異兒子的執著，彷彿這個世界上就只有老師能救他。蔡老師聽了我和兒子的請求和說明後，答應在處理完當天的諮詢再來見兒子，她在晚上 11：30 分來到我北投的音樂教室，她一看到兒子，兒子就顫抖到不行，他的手和腿因為跳樓的關係粉碎性骨折，手和腿還裹著石膏和固定器，在看到蔡老師後，還要跪下來求她幫忙，我不曾看兒子如此敬畏過一個人，我哭了，當時的我覺得兒子很可憐。

第三段：療癒與和解

蔡老師要我兒子坐著，不用跟她行大禮，她說：「我是凡人，肉身修行，和你們沒二樣，看到她不用跪，要跪的話也只能跪父母和天地。」我聽了蔡老師的話很訝異，因為之前我也有請過其他的老師，每個人都驕傲自大到不行，沒想到蔡老師是一個非常親切的人。蔡老師告訴我和兒子，兒子的體內，同時有 7 個靈體在他身上，她必須跟這些靈體取得協議，她不做驅趕，因為她要知道祂們的來歷以及和兒子的因緣，祂們又要如何才願意離開兒子的身體...在蔡老師跟兒子講話時的瞬間～兒子突然變了臉，面容猙獰，口氣強悍的跟蔡老師說：「我們不會放過這個孩子，我們要榮耀，我們要回歸到聖母瑪利亞的懷抱！」我看到蔡老師聽了兒子說的話後只微微點頭，微笑的跟我兒子說：「好的，我會答應你的請求。」過沒多久，兒子馬上又變了另一個人似的跟蔡老師說：「我們是猶太人，需要老師的協助，幫助我們超脫，回到主的懷抱...」蔡老師還是微笑的回應兒子：「沒問題！」此時的我，好害怕！這是怎麼一回事？

第四段：靈魂的重生

兒子在見到蔡老師後，臉上的表情和口氣都不像他，一下子用命令威脅的口氣，一下子又用拜託的口吻...我慌了，不知道該怎麼辦？蔡老師跟我說：「這是很正常的反應，因為兒子的身體同時被好幾個靈體佔據，祂們只想回到本位，只是有些靈體需要靈療和超渡，這期間佔據兒子的靈體隨時都會有狀況，只要兒子有什麼感覺，我會隨時讓他找的到我的，不用擔心！」聽了蔡老師的話，我像被打了一支強心針，感覺到兒子真的有救了，感謝上帝！

第五段：對抗孤立與偏見

這幾年我受夠了別人的冷言冷語，我先生和女兒都說兒子瘋了。在我出國期間，強行把兒子送去馬偕醫院治療，也曾經送到榮總去待了一個多月，但是我在榮總照顧兒子的那段期間，兒子都跟我說他沒瘋，妳們為什麼沒人願意相信我？這段時間的辛酸與掙扎，使我更加堅信蔡老師的幫助是唯一的希望。

第六段：靈魂的康復與懺悔

兒子在接受蔡老師治療的這段時間，他跟蔡老師說：「他時常感到心神不寧，有一些人會掐著他的脖子讓他無法呼吸，他也時常咳嗽吐血，還有會看到一群日本兵，吼喝得很大聲，也聽到一群人在他耳邊嘰嘰喳喳的講話，鏡子裡也有可怕的人在看他。」蔡老師告訴兒子：「你累世跟這些人有關係，你曾經當過3世的軍官，有德國人和猶太人，也曾經當過日本人參與過南京大屠殺，戰爭期間各事其主國，本就難以論斷誰是誰非啊！老師會幫你和祂們善了，也會幫祂們靈療，但是你自己也要對祂們懺悔以前傷害祂們的行為，這才是解決之道，懂嗎？」

第七段：信仰的重建與感恩

兒子在接受蔡老師的身心靈治療時，蔡老師介紹一位很棒的教友給兒子，並且安排我們受洗，她說：「你是神的孩子！到阿爸父的懷裡去讓祂疼惜！」我很好奇地問蔡老師：「老師，您是基督徒嗎？」蔡老師說：「我的主神是南海觀世音菩薩，但是五教的神佛都有來教我功課，祂們要求我盡自己所學的法來幫助需要的人，不用分宗教信仰，只要可以幫助當事人。」我覺得蔡老師是一個很特殊的人，才沒多久的時間，她救回了我兒子，更救了我們全家人。我本來是信仰日蓮教的，因為兒子受洗，我也跟著信仰上帝。蔡老師跟我說：「不要罣礙！神佛是慈悲的，不會因為妳信了誰就不要妳，只要妳心裡有祂們的存在，妳呼請祂們，祂們還是會在妳身邊守護妳的。」我們全家都很感恩蔡老師，尤其她對我兒子有再造之恩，她總說我兒子有繪畫天份，要我好好培養他的才能。現在我兒子參加英國學校的面試後，英國校長也誇我兒子是天才！我想再一次跟蔡老師說：「蔡老師，您應該要讓更多人知道您...這樣您才可以救更多人～感恩您啊！蔡老師！」

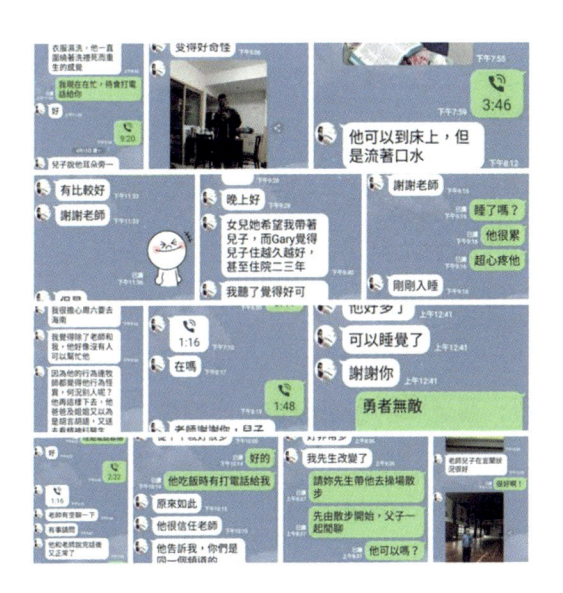

實例 2_ 從迷霧中找回希望

如何透過開運姐姐的智慧，從初期癌症到第四期，逆轉病情並重建生命

第一段：初診與意外發現

8月份的時候我的生理期出現異常，MC 來不停，到一般婦科看診，醫生跟我說需要把我的病歷轉到台大安排檢查。我今年 32 歲，未婚也沒有過性生活，生活上很單純也沒交男友，

當婦科醫生跟我說需轉診台大時一時之間也沒想太多,心想有這麼嚴重嗎?檢查報告出來了,醫生跟我說我是原發性癌症,問我以後要不要生小孩,他們對我的治療建議是:「拿掉子宮比較安全」我心想,反正我也不想結婚,如果這樣處理會比較好,那就這樣做吧!

第二段:蔡老師的警示與進一步檢查

在準備手術前,媽媽帶著我去找蔡老師諮詢,有哪些需要注意的,也請老師幫忙祈福手術一切平安順利。蔡老師跟我說:「妳的症狀看起來不是只有原發性癌這麼簡單,妳需要請醫生再幫妳做進一步或深層的檢查。」我心裏想,會不會是這些命理老師都喜歡給人說的嚴重點,這樣我們才會心甘情願的拿錢出來化解。

第三段:手術後的轉折與奇蹟

九月初我做完手術了,手術後一直覺得肚子很不舒服,我想到了蔡老師對我的叮嚀,我要求醫生對我進一步檢查,報告出爐……癌症已經移轉到腸子了,醫生馬上對我做第二次手術,腸子也被切掉一些，我從原發性癌變成第四期，然後要接受一連串的化療。媽媽趕快又跑去找蔡老師，老師送給媽媽一罐紅薑黃要我手術過後 2 個禮拜才吃，她說會幫我祈福祝禱，也教我恭念神佛迴向自己……今天我回診，醫生告訴我癌症指數已經正常，我才化療第二次身體就可以恢復的這麼快，太感謝蔡老師了！

人生所為何來？

我肩負著一個重要的使命，那就是為靈界和人間的眾生服務，特別是處理那些棘手的靈性問題。這並不容易，但我一直相信，只有透過對靈界的深入理解、對人性的同理心，以及對靈性法則的運用，才能真正幫助到大家。

人生的每一個階段都有它的挑戰，這些挑戰不僅僅是困難，更是靈魂成長的機會。靈性成長不僅僅是在心靈上的覺醒，更是要落實到我們的行為和生活方式中。冥想、祈禱、能量療法，這些都是我日常推薦的靈性實踐，透過這些方式，我們可以與宇宙的源頭連結，找到內心的平靜和力量。

對我來說，靈性工作不僅是個人的指導，它也是一種對社會的貢獻。

我希望通過我的努力，提升整個社會的靈性意識，讓更多人能夠生活在愛與和諧中，互相尊重彼此的靈性成長，共同創造一個充滿愛與光的世界。

我的使命很簡單，就是幫助每一個有需要的人，無論你身處人生的低谷，還是在靈性迷霧中徘徊，我都會伸出援手，帶領你走向光明。透過靈性的智慧和慈悲心，我希望成為你生命旅途中的指引，幫助你走向救贖。這就是我存在的意義，也是我最大的願望。

我的人生價值體現在我對每一位求助者的承諾上，不僅幫助你解決當下的問題，更引導你走向自我覺悟與靈性成長，陪伴你度過迷茫與困惑，成為靈性旅途中的伴侶。

歡迎到本文首頁加我輸入 #999，送一對一磁場確認。再送你，你的生命靈數解析。

職場倦怠的職業婦女
為何輕鬆創業月收入提升50%

李雅琳　生命價值提煉師

個體創業及通路加盟，為生命找出口，人生40剛開始，人生下半場是費力還是省力由過去的積累決定。

當一切開始接受歲月考驗時，會提早為自己創造價值的人逐步走入豐盛生活，分享我的經驗帶你省力的開始。

line id : amamiyamasako
加我免費送：
生命靈數+後天五行檢測

感覺壓力來臨大多是因為已經沒有時間準備了，許多人年過 40 都會默認，人生真的從 40 歲後才開始真正感受到生活的不容易，過往也許都還可以只是在選擇與探索，但過了 40 歲後面臨人生的責任越來越逼近自身，無法再推託延遲，而青春精力也不再如年輕時一樣源源不絕，當責任倍增但視力體力記憶力一切都不再給力時，面對這樣的自己，如何活出希望而非消極的絕望，跳脫日復一日隨波逐流，依著慣性本能熬著日子，提早覺醒學習為自己創造生命價值必能提升自己的生活品質，讓未來越活越省力。

以上的狀態我發現是很多人的心聲與擔憂，但是面臨改變卻是很多人花了長時間都不見得會真正下決心去付諸行動，這當然也包括多年前曾經的自己，一個職業婦女，坐三望四的年紀，上班多年傳統觀念告訴自己一切穩定就好，能擁有一個平順的工作，穩定的收入，能兼顧家庭這已經是難能可貴了，別折騰一些不切實際的夢想，好好的上班過日子就好，但這三點一線固定軌道的平淡生活卻是窒息感的開始，對生活的熱情越發像是一條不會跳動的心電圖，更像寡淡無味的白開水，若到

65 歲才退休，這樣的日子我還要持續 20 幾年⋯。

如何在職場中找到無法替代的個人價值

曾擔任公司人事多年，看過的履歷如雪花一樣的多，經手過無數員工的去留，反覆周旋在選才，用才，育才，留才，展才之間，深黯公司挑選人才看的是，此人能為公司創造多少價值是否值得投資這個員工並非是單純你會什麼，而人才會長期留任公司也是因為綜合價值不單單只是一份薪水，這家公司是否能滿足他人生未來各個階段的需求，是否值得讓他把時間與未來投資在這家公司，這是一場雙向的博弈，取決都在價值的產生。

在為公司勞資雙方的價值做權衡之間，也不斷地審視自己，問自己我的價值是什麼呢？若跳脫了公司我還可以是誰？看著公司前輩的背影試問那是不是足夠吸引我的未來樣貌？公司發展有前景不代表自己的發展一樣有前景，有什麼價值是可攜式的能跟著我移動的？自己有什麼是不可被取代的？兩個條件成立，自己的選擇自由才能更多，要不頂多只是一條被圈養在魚缸裡的魚，人無遠慮必有近憂，預見危機自然就會提早做準備，否則溫水煮青蛙等到危機出現一切都來不及。擔心被取代也會不斷的進修學習，有課程就去報不斷反覆在教育人也被教育之間，但學習了很多之後卻也漸漸的自我懷疑，上這麼多課程花了這麼多錢，哪些是真正能發揮出自身獨立價值的？還是這一些忙碌只為了填補自身害怕被取代的恐懼。

年近 40 開始認真思考，我是持續在慣性圈裡只求穩定當上班族一條路走到底，還是該為自己在進入青中年前人生轉個彎，回頭看了一眼過去的日子發現似乎找不出什麼讓自己可以驕傲的事情，而這樣要持續到年老，一眼到頭似乎已看到未死而僵的狀態，那實在是太可怕了，不斷在給予別人生涯與職涯規劃，勸慰人才留任及找尋人才，但自己的生涯與職涯規劃確是如此的蒼白，所以最終我選擇後者，因為我確信生活與其碌碌無為的麻木，不如激活自己對生活與生命的熱情，讓自己面對一個新的可能。

很多人問我已婚的職業婦女在年近 40 才來改變是否太冒

險，若沒有了年資的加持，專業差異化也不大，還有什麼是贏的了職場的小年輕？ 尤其是訊息萬變在忠誠已經不再是價值的年代，既然在人事職位待了多年，自然懂得幫自己做一下競業與戰力分析，最終我得出一個結論，我不再投入就業市場，而是開始自己創業的過程。

離苦得樂是人性的本能，既然要創業總得為自己找動機，但這個動機在一開始其實並不明確，因為我還不確定我能做什麼，而自己離開就業市場也只是受夠了一成不變的循環，更大的可能只是因為職業倦怠而逃離，我並沒有明確的方向感，所以最後應用的曾經所學，為自己作分析與定位，我會什麼？我要什麼？我有什麼？ 我能給出什麼？ 什麼是我感興趣的，我適合什麼？ 以及我想成為什麼？

先幫自己在人生地圖上定位出座標，我深信每個人都有他的存在價值，只是大多數的人看不見自己的與眾不同與獨一無二之處，因為沒有目標感的生活，自然就是日復一日，也認為自己就只能是如此了，我很清楚在許多優秀的人才面前，我並非高端人才，所以與其被依照普世價值所選擇不如自己創造自己的生命價值，先懂自己才有機會幫自己規劃將來。

如何用生命靈數提高合作效率，增強團隊默契

在人事（人資）的工作裡有許多的人格特質檢測工具，而且有很多都是很具深度的精準報告，可以將人力依據人格特質而適性適所，但缺點就是檢測問卷有點繁瑣，訊息爆炸的年代，人越來越沒有耐心慢慢填寫這一些檢測問卷，但其中有一個工具非常簡單易懂的工具就是生命靈數，透過出生年月日，就可以快速的評測出自己的人格特質，天賦能力，發現許多也許連自己都沒有發現的隱藏能力，因為一般人對自己的了解不會超過 30%，對別人的了解更不超過 20%，因為一般沒有訓練過的人對所謂的了解更多是建立在情緒感受和認知好惡之間，並非真正的客觀了解。

而生命靈數除了可以在簡單的幾分鐘之間就能知道自己的天賦個性的落點，也能快速的知道自己擅長的獨做能力及協作能力，更清楚知道如何啟動發揮自己產生想要的價值結果，縮

短試錯時間，也更能快速幫助自己如何找尋志同道合的事業夥伴，以及面對不同人格特質的人可以如何圓融應對或投其所好，將合作價值倍增，每個人擅長的都不一樣，但一旦能快速地知道每個人的特質密碼，更有助於縮短彼此摸索磨合的時間，畢竟人性真的很複雜，有工具快速評測分析一切就有依可循的簡單化了，不論是經營事業或是經營關係，都能事半功倍。

我用幾分鐘幫自己從做一次生命靈數+後天五行的計算，更加確定我真的不是上班的命格，我自己的生命靈數是358，更加支持我是適合創業的本質，因為上班會逐步扼殺自己內在那個不安定的靈魂。加上後天五行的對照，更清楚知道如何駕馭及發揮土行人的自己，更清楚知道要找尋哪類型的人來借力合作。

分享幾個經典案例：

案例一，透過生命靈數
打破與職業軍人的合作隔閡

我的一個事業合作夥伴是一位退役軍官，對我而言我對職業軍人的認知，應該就是鐵骨錚錚的硬漢男兒，這年頭能領到終身俸的職業軍人已經很少了，但他就是幸運的一個。在合作的過程他一直都很顛覆我對職軍的認知印象，因為他有一顆很女人的心，感性又很在意細節感受，記性非常不好邏輯觀念很弱而且思緒很天馬行空，非常挑戰我對職業軍人的認知，而且穿著永遠比藝人更像藝人，而實事求是的我與他合作的初期總有很多格格不入的地方，磨合的有點辛苦，最後我忍不住問了他的生日，我默默的為他算了一下生命靈數和後天五行後，一切都了然於心，我瞬間就明白，為何他是如此並非與我作對那就是他的天性，雖然是一輩子的職軍也沒能改變他的天性，我們是截然不同的類別，過去我只能依據表淺的背景條件對一個人做判斷了解，但表裡之間往往存在著未知的落差，所以會有誤判，通過計算後他的生命靈數是 292，水行人，一經比對他所有表現出來的特質一切都順理成章了。而且知道了他的人格強項，細心有親和力會帶動歡樂，順服也依賴，而且有藝術獨立特質，邏輯組織整合能力確實是天生短版，分析出內容後，彼此放過也不再強求，啟發他擅長的部份，情緒價值充滿，結果就會順流，了解他的生命使用手冊，一切就如魚得水般的自在了。

案例二，透過生命靈數
打造保險業務夥伴的專屬成功策略

我的一位保險業的朋友，也是合作夥伴，學歷不錯也留學過，頭腦清晰善於分析，自信感比一般人強，相當有主張見解的思維頭腦，所有的客觀條件判斷起來都覺得是個業務能力不錯的對象，但合作的過程我發現，表現與發展總是差強人意，會執行但結果總是不如意，會執行但續航力不佳，表面的條件與能力似乎有點違和，但所有客觀條件有都不錯，好奇心的驅使，我也默默地取得他的生日，為他算了一算，得到生命靈數是281，水行人，得到這各結果以後，所有的感覺都得到了答案，是直女的個性，聰明但固執，缺乏事業心標準不高佛系態度。當分析出來後，透過願景藍圖，規劃貼身的價值目標，定位啟動她的創造力與榮譽心，行動續航力就提升，結果也漸入佳境。

案例三，用生命靈數
解析合作夥伴的情緒挑戰與成長

一個合作夥伴，是個偽單親的全職寶媽，一打二，認識她的開始，覺得她個性獨立果敢獨斷行動力不錯也很有親和力，說走就走說做就做的人，很清楚自己想要什麼且會付出行動去追求自己期望的品質，會為自己負責，這樣的個性我很欣賞，因為她很清楚自己想要的且會捍衛自己想要的，而這些是恰恰是我的弱項所以欣賞，但也有許多地方覺得與自己有一些相似，所以對她寄予厚望，但實際配合下去發現有許多地方與自己觀察的不太一樣，很有想法會執行但卻常常因為情緒發作而虎頭蛇尾，有很多不錯的點子但總帶著太完美的期待導致做不到而自我否定也否定別人，這些結果讓我自己也常常困擾其中，最後我忍不住好奇，也為他算了一把生命靈數，是 393，土行人，當類別出來答案也出來了，為何為何似曾相似的感覺，因為我和她之間確實有些人格特質是重疊的，但明明有執行力，為何放任自己出現情緒任性行為，但對別人會完美要求，若沒有為她算生命靈數和後天五行，我會單純的認為這妥妥是一個自私的人， 但了解以後開始明白，某些缺點弱項其實也正是她不滿意自己的地方，但她不知如何改變，慢慢地釋放出對於她的肯定，也接納情緒來臨時，詞不達意的那份自我退縮，並非是她沒有責任心，而是因為做不到的自我否定，所以逃避，當明白所以更加清楚，也因為清楚所以包容，彼此相互扶持成長，畢竟人都是來學習的。

最後，我個人覺得生命靈數＋後天五行，就像是一本萬用的生命指導手冊，適用任何人，懂所長就能精準投資價值創造結果，妥妥省力的開始，懂本質就知道如何啟動天賦知人善用借力價值，知己不內耗知彼強化創造，為彼此合作創造發揮數倍甚至是數十數百倍的結果，這是很實用的工具，我希望分享這份善巧給到更多人受益人生，找尋適合自己的賽道，縮短成功的時間。

歡迎到本文首頁加我免費送：生命靈數＋後天五行報告檢測

曾單日營收500萬，為何走上療癒之路？

Vivi美心學苑

美心學苑的創始人，身心靈療癒師，專注於情感障礙突破和個體的財富能量激活。

在微商界曾單日創造500萬營收。

我將這份力量轉化為心靈的引領，幫助更多人開啟內在潛能，實現人生的全面轉型與升級。

line id : sammibaby
加我免費領取價值8880元的見面禮
《花精情緒檢測表》.《錢難賺,脈輪在抗議》
《112頁彩色圖示剪映全攻略》.
《個人IP流量變現指南》

嗨~你來了，這或許是命中註定。

我是 Vivi，一個曾在微商事業中創下單日營收 500 萬的創業者。然而，這段成功的背後，我也經歷了跌宕起伏的挑戰，最終找到了內心真正的力量。這篇文章或許很長，但我保證你讀完一定會有所收穫。

今天，讓我們重新認識一下這個不一樣的我，以及這段經歷如何成就了我如今的療愈事業。

01. 我的成長成長背景：從富裕到困境

我出生在一個小康家庭，父親經營著一家商標廠，這讓我從小過著無憂無慮的生活。作為家中的小公主，我享受著富裕的生活，一切似乎都是那麼的美好。然而，命運卻在我十多歲時為我設下了一個巨大的考驗。

在我剛剛開始懂事的年齡，父親的事業突然面臨破產，這讓我們家從原本的富裕生活一下子跌入谷底。父親不得不去 IKEA 做清潔工，這對於一個曾經年入千萬的老闆來說，是多麼大的打擊啊！ 而我，也不得不開始面對現實，提早承擔起家庭的責任。

這段經歷深深影響了我，它讓我明白了生活的無常，也讓我對金錢產生了極強的渴望。 我深知，只有通過努力工作和賺錢，才能重新讓家人過上好日子。這也是我日後選擇創業的最初動力。

02. 首次創業：從網拍開始的旅程

2010 年，我決定開設自己的網店，專賣韓版服裝。 當時韓風在臺灣非常流行，而我也因為自己的愛美之心，對韓版服裝產生了濃厚的興趣。 於是，我開始從內地進貨，將貨品運回台灣進行銷售。

初期的創業過程並不容易，我需要學習如何挑選熱門商品，如何與供應商談判，以及如何在競爭激烈的市場中脫穎而出。每一件事都要親力親為，從產品的拍攝、上架，到客服的回應、物流的處理，我都一一經手。

網拍每日出貨

　　隨著時間的推移，我的網拍事業逐漸走上正軌，每天的出貨量達到了數百單。 然而，隨著業務的增長，我也開始面臨新的挑戰。 由於我對產品和店鋪設計的要求非常高，我特意請了一位專業的美編來協助店鋪的形象設計，這讓我的利潤大幅縮水。

　　這時，我開始思考，單靠賣衣服是否能夠維持高利潤？我注意到購買服飾的顧客往往對自己的外表非常在意，這讓我聯想到她們可能也會對瘦身產品感興趣。 於是，我決定引進瘦身產品，並迅速打開了新的市場。

03. 微商的成功與挑戰：事業的高峰和危機

2016 年，我正式進入了微商領域。 這是一個當時非常火爆的新興市場，我看到了它的巨大潛力。 由於我在過去幾年的網拍經歷中，積累了豐富的銷售經驗和人脈資源，這讓我在微商事業中迅速嶄露頭角。

我加入了一個知名的微商品牌，並憑藉著對客戶的高品質服務和強大的推廣能力，我的業績直線上升。 我經常舉辦線下聚會，與團隊成員分享我的銷售經驗和技巧，這不僅加強了團隊的凝聚力，也提升了整體的銷售業績。

線下交流聚會　　　　　　很快的賺了第一桶金

帶著團隊在墾丁包棟

2018 年 8 月與助理燒腦討論，舉辦線下招商會

很快的累積了千人團隊，就連自己生日，也是和代理一起渡過。努力的從總部學習新模式，複製回來給團隊。

如果公司有舉辦活動，我也一定去參加，帶頭做給團隊寶子們看，實踐以身做則。好強的我，也必定要爭取成績回來~

**2018 年 9 月
三亞瘦身訓練營**

**2018 年 9 月
馬來西亞線下招商會**

甚至經常幫其他旁線支援線下說明會

最遠飛到馬來西亞去協助代理，邊工作其實也賺到享樂

2018 年 12 月峇里島年會　　**2018 年 12 月峇里島年會**

2018 年底杜拜旅遊　　**2018 年底杜拜旅遊**

04. 微商事業的巔峰與危機

隨著微商事業的擴展，我的業績也飛速增長。 在短短的

幾年內，我不僅建立了穩定的代理網路，還在某次新品發佈時創下了單日 500 萬的銷售記錄。當時的我自信滿滿，覺得賺錢簡直是易如反掌。

我開始把錢看得比任何東西都重要，因為我相信錢就是安全感。我瘋狂地賺錢，年年給父母高額的壓歲錢，讓他們過上好生活。然而，我也因此變成了一個"工作機器人"，無暇關注內心真正的需求。

然而，好景不長，隨著市場的飽和，代理們開始感到疲憊，業績逐漸下滑。通過不斷推出新產品來挽回局面，但效果並不理想。

更糟的是，我因為貪心將大量資金投入到一個資金盤，結果一夜之間賠光了所有積蓄，甚至還失去了多年來積累的人脈。

這次的失敗讓我徹底陷入了低谷，我開始懷疑自己的能力和價值。正如一句話所說："上帝要讓誰滅亡，必先讓他瘋狂。"這句話完美地描述了當時的我。

但沒關係，跌倒再爬起來，我沉寂了一年，尋找新品牌，把我所有的核心成員，重新建群再次開啟新路程，只要我選擇的商品，我都很有自信並且很快的就到品牌最高級別，當我再次登上巔峯時，其實也就花半年的時間，就做到最高級別。

2019 年 12 月底 升官方最高級別

05. 重新崛起：內心的療癒與重生

我再次跌落深淵，並且這一跌差點讓我站不起來！

2020年6月誰能想到，被當時最信任人的人陷害，毀謗，雖然現在在講這件事，請放心，我只是描述，每一次再提起，痛的感覺遂漸無感了，但是當時有團隊的我，接受不了，壓倒我最後一根稻草的是，"輿論"……

當時的代理還信以為真，一個好好的團隊瞬間讓我感到無地自容，我被輿論打垮，患上了恐慌症，吃了足足一整年的药，讓我的記憶力及表達力直線墜落，在新年的拜年視頻裡，連簡單的對白都記不住。我完蛋了~內心極度惶恐

讓過去的陰影消散，讓光明引導你前行。

06. 分享與教學：説明更多的人

在這樣的低谷中，我開始尋找一個能讓我喘息的"浮木"。疫情開始時，許多人選擇了斜杠生活，而我選擇了向內探索。我開始學習塔羅，進行自我對話，這段時間我將自己關在家裡，足不出戶，重新審視自己的人生。

塔羅讓我找到了內心的平靜，逐漸從陰暗走向陽光。 隨

著學習的深入，我取得了帶班資格，並開始帶領塔羅社群運營。在這個過程中，我發現許多學員和我一樣，因為迷茫而來。這讓我深深感受到，我的經歷可以說明更多的人，尤其是那些在創業路上感到迷茫的人。

我用同理心說明，讓小白學員在一開始就學會變現，塔羅課程讓學員們在學習中感到愉快，我也因此收穫了大量好評。學員們願意繼續深耕進階班，這讓我在平臺上的成績名列前茅。

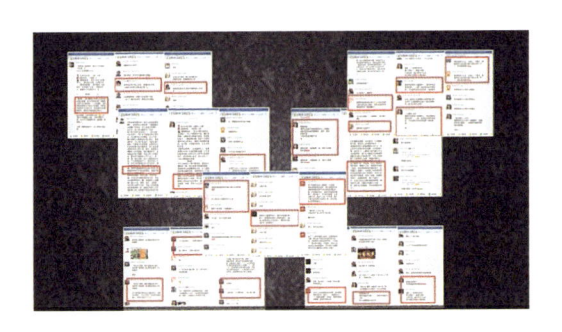

當我站在演講臺上，看到學員們眼中閃爍的光芒時，我深感自豪。 這些學員大多因為迷茫而來，然而經過療愈課程的學習，他們不僅找到了內心的平靜，還重新點燃了創業的激情。

我開始帶領一批又一批的學員，平均每月創收 60 萬人民幣，而我的薪資也穩定在 2 萬 5 至 4 萬人民幣。 我們之間的成長是一種共生共長的關係，他們的進步和成功也豐富了我自己，讓我成為一位更好的導師。

每個困難都是變革的契機，讓你邁向新的高峰

07. 東山再起：從療愈到再創業

經過一段時間的療愈和內心重建，我的創業激情再次被點燃。 但這次，我不再只追求物質的成功，而是將重心放在女性創業的身心靈成長上。 我決定將療愈和創業結合，並開始分享花精和靈氣療法的力量。

我發現 當我們的內在能量處於高頻狀態時，不僅能夠發揮出最佳表現，還能吸引財富和成功。 這段經歷讓我重新找到了內在的力量，也讓我意識到真正的成功不僅僅是物質上的富足，還包括內心的平靜與和諧。

08. 花精與靈氣：療愈的力量

在這段療癒的旅程中，是花精和靈氣療法對我起到了至關重要的作用。花精是從植物中提取的精華，含有植物的能量。它們不像藥物那樣直接作用於身體，而是通過影響我們的能量場來改善情緒和精神狀態。

簡單來說，花精就像是一種能量的"音符"，能與我們的內在能量產生共鳴，幫助我們達到心靈和情緒的平衡與治癒。

根據《心理學今日》報導，花精等療法已被證明能有效緩解焦慮和壓力幫助人們重拾信心。這些療法通過調整我們的能量場，讓我們能夠更清晰地看到自己內心的需求。

透過學習，我發現我的脈輪中的眉心輪出現了問題，這導致我在生活中常常感到"我不清楚"的狀態。我開始使用花精來調頻，同時還給自己加了靈氣的能量，這療癒方法說明我逐漸整理了思緒，擺脫了過去急功近利的心態。

靈氣是一種能量療法，能夠說明你打開金錢流動的通道，清理阻礙財富的內在障礙。靈氣能夠改變你對金錢的態度，讓你擺脫負面的信念，吸引更多的財富和機會。它還說明你達到內心的平衡與和諧，讓你感受到內在的豐盛和滿足。

知名療癒師 Louise Hay 曾說過：「靈氣療法可以幫助我們清除內在的負面能量，讓我們更好地接收宇宙的正能量。

這些能量療癒讓我逐漸恢復了內在的平衡，重新找回了創業的動力。 我開始發現，當我的思想和情緒達到和諧時，整個事態也跟著轉動。 我的創作能力大幅提升，每天進行的靈氣療癒讓我感覺到自己的能量達到了前所未有的和諧狀態。

說起來真的很神奇，一旦你的思想改變了，整個事態都跟著轉動

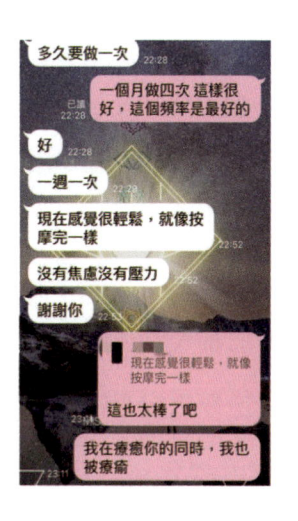

我幫他人用靈氣療癒時，也是獲得相當大的正向反饋

隨著我的療癒事業逐漸步上正軌，我開始投入更多的時間和精力來說明其他人，特別是那些在創業路上感到迷茫的朋友們。

我開設了塔羅和靈氣療癒的課程，幫助他們釋放內心的壓力，找到真正適合自己的道路。

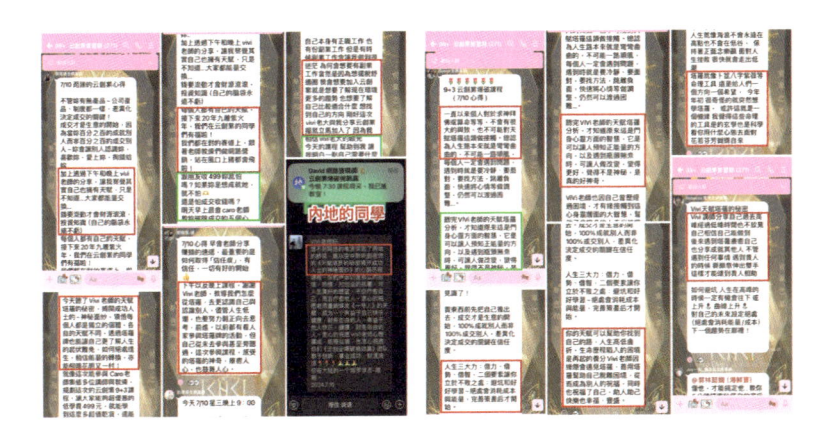

2024年，我決定再度出發，這次的目標是打造一個屬於身心靈創業者的 IP。 我尋找新的行銷方式，專注於如何吸引精準客戶。 我相信，舊地圖到不了新大陸，只有不斷創新和嘗試，才能夠找到屬於自己的成功之路。

當你真正瞭解自己時，你的世界就會變得更加清晰

09. 種下錢的種子，我來說明你開創事業

在這段時間里，我也遇到了許多諮詢者，他們對創業充滿

了熱情，但同時也感到迷茫和不確定。 在花精和靈氣療癒的引導下，我找到了自己的使命，也希望能説明你探索和發現自身的天賦。

如果你在創業過程中遇到了情緒上的問題，比如失眠、焦慮、壓力或其他不安的情緒，不妨嘗試檢視自己的脈輪。 我相信，創業本身就充滿了未知和挑戰，有時我們會感到害怕、孤獨，甚至對未來感到困惑，這些情緒都是正常的，而我願意用自己的經驗來幫助你們走過這些過程。

無論是説明你找到內心的平靜，還是增強自信，釋放負面情緒，我都願意與你分享我所學到的一切。

我決心擺脫傳統創業模式中的「拿貨制度」和「大量囤貨」所帶來的壓力，不再讓自己被這些外在的負擔束縛。

在這條創業和療癒的道路上，我學會了傾聽內心的聲音，而不是盲目追逐市場上的短期趨勢。 我鼓勵每一位創業者都能找到自己的熱情所在，因為只有當我們從事自己真正熱愛的事業時，才能在高頻的能量場中創造出非凡的價值。

我的經歷告訴我，當我們與自己的天賦和使命同步時，我們不僅能夠減輕內心的負擔，還能在事業上取得長足的進步。這是一種內在的力量，它能夠幫助我們在面對挑戰時保持清晰的頭腦和堅定的信念。

如果你不知道自己有什麼困擾，具體說不上來，就是迷茫，你可以檢視自己的脈輪，瞭解自己的情緒和能量狀態。

在家庭生活和與另一半的關係中，保持良好的高頻能量也是非常重要的，這樣才能讓自己做事更順利、更愉快。

接納自己，並相信宇宙的安排

我相信當我們擁有高頻的能量狀態時，不僅能更好地面對挑戰，也能創造出更大的價值。

容我重新做個自我介紹
我是 Vivi，美心學苑創辦人
★說明正在迷茫的創業者實現心靈成長 自我療愈
★熱愛身心靈療癒的個人 IP 自媒體導師

★療愈師 IP ｜ 情緒療癒 ｜ 財富能量提升 ｜ 情感卡點突破

★心靈的傷口 是靈魂成長的印記 當看見它療癒便發生了

歡迎到本文首頁加我免費領取價值 8,880 元的見面禮

《花精情緒檢測表》.《錢難賺，脈輪在抗議》《112 頁彩色圖示剪映全攻略》.《個人 IP 流量變現指南》

男人離不開你的三大秘訣
打造幸福婚姻

Q姐 感情關係顧問

專業感情關係顧問，擅長透過評估系統解決夫妻問題，同時運用AI和網路營銷工具，幫助45-60歲的人輕鬆掌握科技，提升自我。

Line官方帳號：@299gjcxq
加我免費送：電子書
《4個簡單方法：輕鬆打破伴侶間冷戰》

將你的男人由冷漠的態度，扭轉到主動熱情的三大秘訣！

讓你不需做一個 "離不開男人的女人"

要做一個 "男人離不開你的女人"

如果我們生命未能填滿 這6個水杯 就會感覺 空虛、寂寞、不開心

《學員案例》 當婚姻變冷，如何找回失落的溫暖？

「我和我老公的關係已經變得冷淡至極，他對我不理不睬，不聞不問，也沒什麼交流。每次問他問題，他都只是敷衍地回應幾句，對著電話比對著我還多。當我們坐在同一張桌子吃飯時，他的心也不在我這裡。久而久之，甚至，我開始懷疑他是不是在外面有了別人？

我們曾經試過很多方法，我好言好語的嘗試跟他說，吵過也說過，甚至請了婚姻輔導員，卻毫無進展。日子過得越來越辛苦，感覺自己被冷落、被忽視，甚至感到不被尊重。

事情最糟糕的時候，雙方的家庭都介入了，連我的娘家人也幫忙勸解，但反而情況變得更差。我開始擔心孩子會在一個破碎的家庭中成長，這對他們的身心發展是極為不利的。我真的不想兩個小孩這麼小就失去父親，所以不得不尋求專業幫助。」

在現今的社會中離婚率越來越高，是不是所有婚姻當遇到問題的時候都只有離婚一途呢？

其實很多時候並不是如此，你知道嗎？一段關係，從婚姻到破裂，其實中間是有九個階段的！

如果我們能夠很適時地在發現問題的時候，找出關鍵核心

的問題，並把它處理掉，可能結果就會回復到大家都想要的美滿生活。

從"情緒垃圾桶"到感情顧問：用專業幫助更多人走出迷霧

你好，我是 Q姐（Queenie），全網贏銷 Caro 老師的弟子；目前的主業是一位感情關係顧問。

我有豐富的職業經歷，包括 7 年的外商客服經驗、10 多年美甲店經營、以及 10 多年的傳直銷和網路行銷背景。曾作為美國傳直銷公司首批來台發展領袖 帶領 500+ 人的團隊。

最近，我接觸到 Hero Ladies "感情關係顧問" 課程，這是富有心理學元素並加入了東方人文化的一個 "RSM 系統"，這讓我頓時感覺到過去的豐富人生經歷和專業背景，似乎就是為了這個角色而準備的。

作為一位 60 多歲 人生經歷和工作經驗豐富的女性。年歲帶來的不僅是智慧，還有深厚的情感洞察力和對人際關係的敏銳感知。更能以真誠的態度幫助他人解決情感上的困惑。

一直以來，主要是我喜歡聊天，也喜歡聽別人說他們的故事，所以我一直是朋友心中的 "情緒垃圾桶"，他們喜歡找我傾訴，像男女朋友或夫妻之間的矛盾,工作上的不如意等等…希望用我的經驗，幫助更多人走出情感迷霧，迎向幸福。

目前我所用的這個系統致力於探索伴侶之間的真正需要，我並在這條路上找到了自己的使命～成為一名感情關係顧問。這個職業不僅滿足了我對人際關係的熱情，也讓我能夠在幫助他人解決感情問題的過程中，感受到深刻的成就感。

在我人生的不同階段，家庭、事業、友情等方面的挑戰給了我豐富的實戰經驗。這些經驗使我能夠更好地理解那些在婚姻或伴侶關係中掙扎的人們。我明白，維持一段健康的關係並不容易，尤其是在現今快速變遷的社會中，人們面臨著來自家庭、工作和自我實現的多重壓力。而這些壓力，常常會讓夫妻或伴侶、以及家庭之間的關係變得更加脆弱。

我的工作核心是去讓他們透過這套關係評估系統，幫助夫妻或伴侶們找到感情問題的核心根源，從而對症下藥，拯救那些已經破裂或即將破裂的關係。我深信，只要做出一些小小的改變，再加上使用正確的方法，每個人都能夠成為連自己也會愛上的人。

這系統工具已經成功幫助世界各地很多女士針對性去解決冷漠破裂的關係，提升她們的親密度做到兩個人一條心恩愛到老！

以下是剛才那位學員尋求協助，透過我們的諮詢及學習後，回覆給我們的部分信息：

「在我決定尋求感情顧問的協助後，我學到了許多溝通技巧和自我反思的方法。我開始運用課堂上學到的技巧，趁老公回來看孩子的時候，抓住機會與他溝通。慢慢地，我感覺到了些微的改變。」

《轉變與結果》

「就在老公離開家四個月後的某一天，他突然搬回家了，帶回了所有東西。我們甚至還一起帶孩子出去玩了兩天，過得非常開心。這個家庭本來我以為已經徹底破碎了，但透過這些學習技巧，我重新拉近了我們的關係。」

《學員的自我反饋》

「我真心感謝你們教會我這套課程，讓我學會了找到我們的核心問題，如何更好地溝通，也意識到了自己以前的 "公主病"。從今天開始，我會更努力地照顧好這個家，讓我們的關係更加穩固。」

那究竟這個學員用了我們教她的什麼技巧呢？

找回夫妻親密感，掌握 3E 系統的秘密

就是用了，其中的一個 3E 系統，

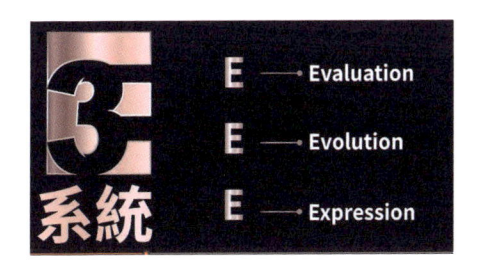

3E 系統
E — Evaluation
E — Evolution
E — Expression

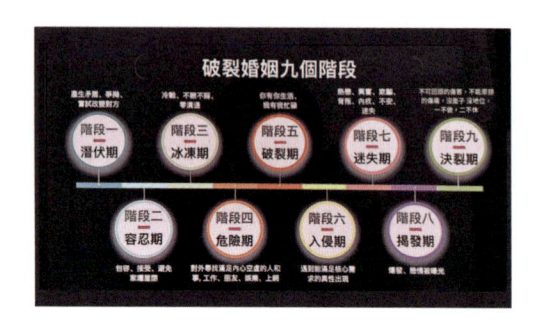

[图：破裂婚姻九個階段]

第一個祕訣是～Evaluation 評估

當一段關係有裂痕，首先，必須要知道：

現在你們的關係究竟處於什麼樣的位置？

就像身體發燒一樣，只吃退燒藥是沒用的，要找出發燒的原因，究竟我們的身體哪裏出現了問題？當我們找出病源才可以對症下藥。

同樣的，一段關係也是一樣要找出在哪裏出現問題，才能夠針對性地去解決！

原來我們的婚姻到破裂的過程是會經過九個階段：

第一個階段 ～ 潛伏期

兩個人在一起，就會很容易產生矛盾、爭吵，我們嘗試去改變對方，但是沒有方法，如果我們不懂得怎麼處理，就很容易去到…

第二個階段 ～ 容忍期

去到這個期間，我們只會一味的包容、接受、忍讓、避免搞到家無寧日。但是如果我們繼續這樣撐下去，就會很容易跌入…

第三個階段 ～ 冰凍期

在冰凍期間大家就會冷戰，不理不睬，甚至去到零溝通，當我們以為這樣可以沒事，但是是非常危險，因為就會跌入…

第四個階段 ～ 危險期

去到這個危險期，雙方有機會對外尋找滿足內心空虛的人、事物、工作，和朋友出去玩，夜不歸宿，甚至他有自己的娛樂，

不會和伴侶溝通、了解、甚至解決問題，

如果繼續這樣下去就會跌入⋯

第五個階段～破裂期

去到破裂期就會在變成～你有你生活，我有我忙碌，大家各自精彩，一點都不開心⋯

第六個階段～入侵期

在這個位置大家就很容易有機會在外面遇到一些

能夠滿足自己核心需求的異性伴侶出現，那就危險了！因為很容易就會跌入⋯

第七個階段～迷失期

去到迷失期 就會以為和這一個能夠滿足當時很空虛的異性發生熱戀，甚至感到很興奮！

因為找回當初熱戀的感覺，就以為自己終於找到一個真是

喜歡的人出現，

接着又要欺騙伴侶，不敢讓自己的伴侶知道，有背叛的感覺，也感覺到很內疚、很不安、很迷失，不知道該怎麼做？接着跌入…

第八個階段 ~ 揭發期

因為一件事是遲早會被揭發、被爆發，戀情會被曝光，

當這件事被伴侶知道了之後，就會跌入…

第九個階段 ~ 決裂期

去到不可回頭的傷害，不能原諒的傷痛，

因為伴侶和你自己都會感覺到沒有面子 沒有地位，最終就會去到一不做二不休 離婚的階段。

但是無論大家找到自己是在哪個階段都好， 其實都能夠有方法去解決和挽救！

所以首先要評估，現在你究竟和你伴侶關係的問題是處於什麼階段，我們才能夠去對症下藥。

就好像我們的另一位學員分享：

這三個星期的學習令我改變了很多，感悟了很多，也得到很多！

喜悅由心而發，很感謝上天安排令我偶然遇到 Cindy 老師，學習如何處理感情關係方法和技巧，再加上實際的行動，令我變得自信起來，通過學習的技巧，現在我和老公的關係也有所改變，從以前不理不睬，到現在希望每天都黏在一起！

第二個秘訣 ~ Evolution 如何讓對方提升價值

之前有個女士為自己覺得很不值，為什麼我對這個男人這麼好

我給了他所有最珍貴的東西，但是他都不珍惜我，還背叛我呢？

因為不在於你付出多少，而是你付出的是否為對方所需要的呢？

根據很多權威的心理學研究指出，每一個人生命裏面都有六個範疇一直追求！

而這六個範疇～正是每個人的行為背後最大的推動力。

就好像我們生命裏面有六個水杯一樣，如果我們的六個水杯都未能夠填滿裏面的水，我們就會感覺到很空虛、很寂寞、很不開心！

六個水杯就是：

安全感、認同感、成就感、刺激感、英雄感和存在感

六大核心需要：安全感 → 認同感 → 成就感；刺激感 → 英雄感 → 存在感

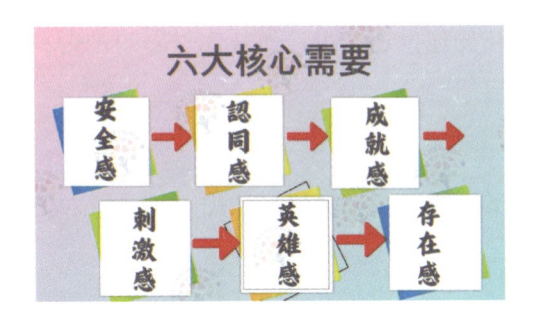

其中有兩個水杯伴侶會特別重視

伴侶會特別重視！

舉個例子有一個男人在沙漠迷路

他快要渴死，他很需要水

有個女士看到她走過去想救他 – 於是女士拿了家裏最名貴的食物給他吃，有鮑魚、海參、魚子醬等，還給他飯、麵包等，但是這個男人一點都不想吃！

而另外一個女士就拿着半杯水走過去給他喝而已，男人看到很感謝她,之後還跟着女士走了!

那半杯水其實就是男人的核心需要!

所以你只需要透過 RSM 裏面的核心根源評估系統,就可以找出伴侶的核心需要,再針對去滿足那兩個水杯就能夠令到由冷漠態度扭轉到主動熱情,對你不離不棄!

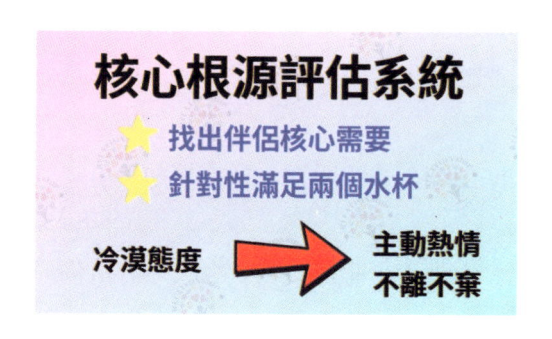

就好像另一位學員一樣:

我前天上了 RSM 的第二個星期核心根源評估系統,我真的受益良多。

原本我一直想不透,我為了這個家付出了這麼多,但為什麼他都看不到呢?

"不是你做多少，而是對方接收多少？"，真的一言驚醒夢中人

原來我付出的，他一直接收不到

到了六大滿足感的測試後

我才發現我所有的評估分數都超低分～只有0至4分

我真汗顏如此對他！

很感謝Cindy老師，令我明白一切原來是我引起的

我無法讓他有六大滿足感，所以我今天才有這個局面！

另一個學生她説

Cindy你好，我真的很慶幸我參加了RSM這個課程，從我認識我老公到結婚這六年期間，我一直都不懂得如何和我老公相處，不是我忍他，就是他忍我，終於忍到出事，搞到婚姻失敗，我老公出去外面找心靈的慰藉，還說要離婚，也搬走了。

但是經過六個星期的課程 我改變了很多

原來提升老公的六大滿足感真的好有效，改變了我以往這麼差的婚姻生活。

現在他出門前會停一停，覺得好像有事忘了做，就反過來主動給了個 goodbye kiss。我們還在計劃結婚週年去黃金海岸旅行，真是一個很大的轉變。

相信你也看到了，原來只要我們能夠滿足伴侶的六個水杯，裡面兩個，其中最重要的水杯，提升到他的滿足感，伴侶就會很快去和你產生一個甜蜜的關係。

第三個秘訣 ~ Expression 有效的溝通表達

有沒有發覺每次我們想和伴侶表達你的感受，但總是會吵架收場，明明我是為他好，但是為什麼他都對我粗聲粗氣 拒絕溝通 冷戰幾天，最後解決不了問題！

原來不是你說什麼，是你怎麼說！ 一個有效的溝通是要包含：內容 聲音 和肢體語言

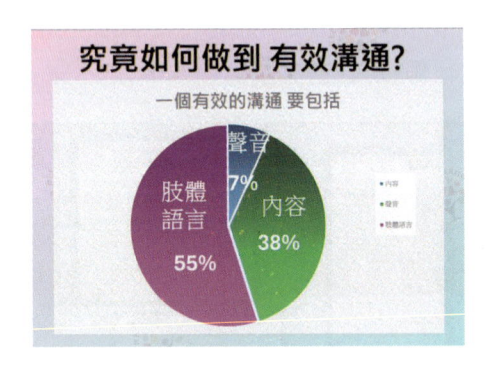

究竟如何以能做到 有效的溝通？

原來我們所說的內容只是佔有效溝通 7% 而已，原來聲音是要佔 38%，肢體語言是佔 55%。

內容原來不重要，是我們要懂得運用工具 ~

六大溝通元素裡的 ~ 身體語言 + 語氣 + 語調 = 提升感

染力!

以可以令對方 "心甘情願、主動熱情" 的跟隨你。

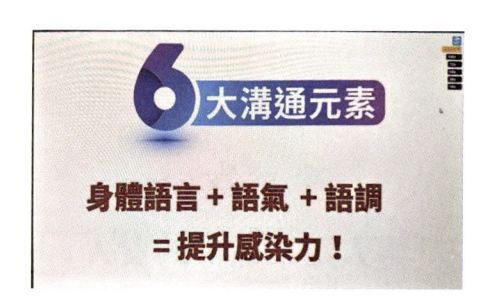

6大溝通元素
身體語言＋語氣＋語調
＝提升感染力！

就像這位學員說:

我老公前天正式搬了回來,雖然我參加了不到一個月,但是真的好有效

另一個學生說:

過去三個星期,我一直在聽 RSM 的課程,做筆記。一直將學到的方式用在生活裏面。

今天是我和男朋友分開接近兩個月,他居然約我逛街了,在街上面我們一邊走一邊聊天,當中我們有說有笑,雖然只是走了兩個小時,回到家的時候,他竟然再次開口叫我 baby!

並再次牽着我的手！

看完了上面的解說，你有沒有想成為那位 "男人離不開你的女人" 嗎？

> **成為**
> **「男人離不開你的女人」**

請不要誤會，我不是在賣課程，只是單純的想讓你了解，其實我們在生活中可能都太隨意了，以致於會忽略了另一半的真實心情及內在需求。而上面所用到的只是我的系統工具中的一部份。

在現代社會中，維持一段健康穩定的感情關係面臨著許多挑戰。作為一名感情關係顧問，我用多年的職業經歷和人生體驗，加上精確的系統支持，專注幫助夫妻、伴侶以及家庭成員重新找回和諧與幸福的連結。

我曾經在外商客服、美甲店經營以及傳直銷的管理中不斷磨練溝通與管理能力，這些經歷塑造了我對人際關係的深刻理解。感情的問題，無非是溝通障礙、壓力疏導不佳或是信任的裂痕。我專注於提供個性化的諮詢服務，面對每個人時，我會細心聆聽，讓每一位客戶感受到，他們的故事與需求不會被忽視。我會幫助他們一起剖析問題，找出根源，然後設計實際可行的解決方案，讓他們從壓力中解脫。

我的主要客群是 40 到 60 歲之間的"三明治族群"，他們通常一邊應對職場壓力，一邊承擔上有老下有小的家庭責任，疲憊卻又必須堅強。我不僅理解他們的焦慮，更知道如何帶領他們找到平衡。

我的核心服務包括運用根源評估系統，找出伴侶的真實需求，重建信任的實用方法，並教導更高效的溝通技巧。我始終

相信，只要用對方法，每個人都能變得更好，也能在感情中找到真正的幸福。

用 AI 幫助 1000 個家庭重建幸福

除了感情顧問的工作外，AI 工具也是我不可或缺的夥伴。AI 幫助我處理大量的日常工作，讓我能專注於每一位客戶的獨特需求，並在時間壓力下依然保持高效與專業。我用它來整理資料、撰寫報告，甚至精準分析客戶的情感狀況。對我而言，AI 不只是工具，它讓我能在短時間內提供有力的支援，幫助每一位客戶達到他們期待的轉變。

雖然我並非技術專家，但我熱衷於分享 AI 工具的便利，幫助那些對科技不熟悉的人快速上手。我相信，透過 AI，每個人都能簡化工作，甚至改善生活。AI 讓我能在這個快速變化的世界裡，始終掌握主動權，也讓我更有力量去支持我的客戶，陪伴他們度過每一次的感情波折。

我的願景，是能夠幫助超過 1000 個家庭和伴侶重新建立起穩固的感情關係，讓幸福的家庭氛圍持續蔓延。這不僅是我的工作，也是我對社會的一份貢獻。

最後，如果你想找我聊聊，歡迎本文首頁掃碼加我好友，我將送你一本《4個簡單方法：輕鬆打破伴侶間冷戰》電子書。

打造孩子未來的能力
也打造我的創業夢

李秉蓁　兒童教育規劃師

從事補教業25年，

我奉行「實用主義」教育。

我堅信：

真正有價值的學習來自於實踐，

自己發現和體驗的過程。

line id：0958093370

加我免費送

我的商城購物抵用金50元2次

「教育是一個長期的過程，真正的改變源於每一次的探索與實踐。」— 約翰・杜威

教育孩子，其實是有套路的，只是孩子之前不知道。

如何用一個活動就讓孩子懂經營之道？

如何創造經驗激發孩子學習的熱情？

本文將與您分享我的創業路上與兒童生命交融的美好。無論您是教育工作者、家長，還是正在育兒中的朋友，這些經驗將為您提供有價值的啟示，幫助您在自己的生命中更好地陪伴新世代主人翁。

我是一位兒童教育規劃師，主張教育的「實用主義」精神，我堅信，真正有價值的學習來自於實踐，來自於孩子們自己發現和體驗的過程。

我曾經辦過一個活動⋯

讓小學生【開一家店】成為小小創業家的活動

2011 年，我推動了一個小學生模擬青年創業計畫，目的讓孩子們早日體驗創業的人生。我希望兒童在沉浸式遊戲的創業模擬中動手又動腦，最後能透過《成果發表》來檢驗自己的想像力。

目標

懷抱著這樣的理想，小小創業家活動成為每個高年級孩子最期待的日子，同時，也是我們給這些大孩子的成長專屬儀式。

障礙

但創業真不是件容易的事，雖然是小學生，他們仍舊需要付出時間、心力，學習成本訂價，學習籌措資金，學習如何服務顧客，他們得花時間溝通管理。

一開始，我以為需要事先教會孩子許多創業知識和技能，但隨著時間、經驗演變，我發現想像力與實踐結合的力量竟遠比我預期的強大。

有一次，活動中的一家「店鋪」雇用了「員工」，但其中

一名「員工」在工作途中因個人原因離開了崗位，當發放「工資」時，這名「店主」扣除了該「員工」的一部分工資，

這引發了一場「勞資糾紛」。

看到這一幕，老師們決定模擬一次簡易法庭，讓孩子們親身體驗如何處理這樣的問題。

老師和學生分配了角色，從法官、律師到當事人，所有規則都真實演練。

那天，教室裡的「調解庭」進行得格外認真，這讓我深刻體會到：當老師們以認真的態度重視，所謂「遊戲」，孩子們也會以認真的態度去學習和面對挑戰。

努力

孩子們夢想的【開一家店】一年年被動升級，他們發揮想像規劃著店面、討論產品線、銀行貸款，發行股票找投資人、甚至漸漸將企業管理、行銷運營的歷程緊密結合。

自己發現的遠遠超過別人教導的。
有著百倍驚奇的力量！

　　我在每一屆小小創業家活動都見證了不同孩子的思考能力、系統規劃能力、合作精神和想像力在經驗積累下不約而同地發酵，而最驚喜的莫過於家長們對活動結束後的反應。

結果

　　2019年，是一個令我難忘的年份。小小創業家課程，得到了桃園市政府文化局的邀請，來到桃園的「南崁兒童藝術村」進行指導。

　　我們的對教育的夢想終於不用局限於機構內的學生，這一次是能夠邁出，接受更多人的檢驗與肯定，對我們是一個莫大的鼓勵。

　　在「南崁兒童藝術村」分享說明會那天，一個小男孩背著書包走了進來，他主動找主講老師打招呼：「請問我可以找同學一起創業嗎？但同學今天沒來。」

經過了解，原來他是一位 MAKER，他小小年紀已有 3D 列印製作公仔模型的基礎，他銷售的商品是他設計的公仔，這對一個小學生可是難得的創意變現思維啊！

老師憂心他曲高和寡而受挫，特地扮演輔導顧問與他討論，過程中，只要提到 3D 列印技術，孩子的眼睛總是閃閃發光，臉上洋溢著自信。

「因為【開一家店】，這個活動太酷了！」他興奮地說。

他真正想要的是能參與到經營的過程和體驗樂趣。

我們在「南崁兒童藝術村」辦理了三場實體說明會，洽談成功或失敗的創業輔導案約 40 組，加上成果發表會，前後共費時二個月，但收入只有政府的微薄課程補助約 30000 元。

令人感動的是有來自台中的小學生參與，透過這些孩子想法與動機更像是反過來刺激我們的想像與教學，體現「教學相長」的意義。

感悟

創業本來就不容易，如果你不願意放下身段學習溝通協作，又還堅持一些自命清高的原則，那更是自找苦吃。

成功創業者在學生期間可不是所謂的「乖乖牌」，他們會想爭取做領頭羊、解決問題，也敢於質疑規範、嘗試表達想法和意見的，創業中的您是否也認同呢？

創業是要付出代價的！這也是我要給孩子的觀念目標。

創業的甜美果實，是以汗水與淚水澆灌、以挫折與苦難為養分，這才是創業的真相。

慶幸此時年紀還小，在創業的世界裡，可以玩的很痛快或被玩的很痛苦，卻都難以重來，也希望他們明白「付出不一定會收穫」更「不可能不勞而獲」。

外面的世界，比你想像的精彩

目標

2023 年暑假，我們帶著 7 名學生至菲律賓宿霧國際語言學校學習英語，體驗不同文化，陪學生與不同國家的小朋友互動，參觀名勝古蹟，學習菲律賓傳統料理。

我走在宿霧的沙灘，有一刻，我看著孩子們在海浪中嬉戲，他們臉上的笑容和那雙雙閃閃發光的眼睛，讓我更堅定了信念：「這樣的學習方式才真正有意義。」

許多學生覺得英語難學，學也多是為了應付考試。我希望改變這種觀念，我想讓孩子們真正體會到，學習英語不僅是一項技能，更是一種與世界溝通的能力，因為……..

「外面的世界，比你想像的精彩！」

有了前一年的體驗，隔年，親子遊學團容易許多，從7名學生擴大至台灣北中南共51名親子，團費收支後差價一位以5000元計，收入約25萬。

努力

遊學團的銷售幾乎是通過線上說明會成交的，借助雲端技術，我們成功實現了零成本獲客，讓知識真正轉化為價值。

但我卻感到十分迷茫！因初嚐網路成交甜頭，就決心學習網路營銷，但面對大量的術語、工具和策略，花錢不打緊，學完了也不知從何下手！

我努力去了解這個領域，閱讀書籍、參加線上課程跟隨一些成功的行銷專家學習。

這才有機會接觸到 Caro 老師的「全網贏銷」，我發現全網贏銷不僅涵蓋了全面的技能，

Caro 老師還能手把手帶我操作、正是我最需要也最安心的模式。

障礙

創業之路總有伴隨著艱難挑戰！2019年底疫情突如其來，本就少子化的實體課堂還被迫停課，想要生存唯有接受雲端教學的革命。

我經營了大半輩子，只認知電腦是用來管理行政、課程和學生資料，紙本作業、電子白板、粉筆是教室的教學畫面，在

當時 18 歲以下的遠距上課，對普遍教學者來說根本是電影版的理想國。

但是面對大環境的困難，我們團隊也只能配合逆風轉向。

努力

少子化現象，實體經營紅海一片，創業的方法沒有標準的答案，為了對抗紅海，我們全力在 1. 課程創新研發 2. 經營客戶的服務和信任，要吸引更多具有前瞻性的家長和學生長期支持。

舉例來說，我會遇到焦急的母親前來詢問「孩子在學校的全科成績不佳，導致自信心嚴重受挫。」這時，我們會費心了解孩子是否對學習產生了厭倦？是否缺乏內在動力？就像剝開層層包裹的繭，我們要細心地探索孩子真正感興趣的學科，找到提升學習自信的突破口，才能真正幫助孩子走出困境。

在教學過程中，最常見「學習偏食型」學生，便要抓住孩子在哪些科目上表現突出的點，安排他們協助同儕並給予積極的肯定，孩子因為在這點上獲得了成就感，就有機會帶動其他科目的學習熱情，甚至享受學習的樂趣。

有一次，一位事業有成的父親帶著兒子來到我的補習班，因國中生兒子在學校表現不佳，導致家庭氣氛緊張不安，在與孩子深入交談後，總結他是對學習放棄與社交困難。

諸如此類，想要提升學業成績根本天方夜譚。

最後，我先通過與孩子訂一個小目標，並運用雲端工具分析他的學習數據，隨後量身定制了一份個人化的學習進度；這樣的規劃不僅符合國中生的課業需求，孩子也容易達到設定的小目標。

伴隨著學習成效逐漸顯現，孩子在精神上找到了重心，重拾了自信也激發了學習的動力，最終，他如願考上了第一志願的高中。

結果

如果上面幾個例子全世界的教育者都會，那就沒什麼了不起！

我的意思是，想要成功影響孩子，你一定要學會套路，一定要找到跟他認知不一樣的方法，因為大腦喜歡被接納不喜歡被說教。

我再加上教育科技輔助的持續運用，在競爭激烈的環境下，一方面走出差異化，一方面學生追求夢想的力量更多了一道支撐。

意外

疫情間，那些在空蕩的教室反覆琢磨練習用Google Classroom、Zoom等平台的日子，與每天都絞盡腦汁想如何讓課堂能順利延伸到每個學生的家中的夥伴們。

夥伴們甚至錄製示範影片再一對一地輔導家長幫助孩子理解並掌握新科技，

團隊齊心協力共同克服難關，是我在那段艱難創業時期最深的安慰。

那段時期，我體悟到雲端教學不能只是將課堂搬到線上，而是一種思維的改變，要想辦法比實體經營省下資金，讓我有多的資源用於學習效率創新和服務提升。

如今證明，擁抱雲端科技是創業挑戰應對的工具，更是一把打開未來大門的鑰匙。

搭載教育科技於教學的魅力，不止於學生成績的即時追蹤、作業提交、包含學生的疑惑也即時在雲端進行，教材亦可影像呈現，透過網路瀏覽器方便了教師共備資源在線上運用，我們讓教學變得更加靈活且富有創意。

轉彎

事業陷入入不敷出困境時，我並未放棄，因為堅持不讓學生在疫情期間中斷英語學習，我毅然投資導入「英語線上外師教學」，當時決策和應變在今日成為我超越同業的差異化優勢，它也證明了雲端模式的靈活性和成本效益為學校、家長、學生創造三贏的局面。

結局

如今，我們已可以精準做到學生個人的學習診斷，根據數據提供科學化學習建議。

下一步，我將為學生打造更具互動性、個性化的學習體驗；結合 AI 技術與資深教育者經驗，研究符合家長、學生和老師應用的功能，同時加入客戶忠誠度模組，以增加客戶的黏著性。

因為彈性學習與自主學習將是未來教育趨勢，所以我們準備著力 AI 自學系統，若您對這類系統也有興趣，歡迎掃描二維碼與我聯繫，一同探索數位教育的無限可能。

擁抱新技術，更要堅守教育的初衷

「教育的根是苦的，但其果實是甜的。」— 亞里士多德。

我的創業故事說到這裡，有一個聲音在我腦中出現：「做中學，想都是空！」

無論是在教育還是創業的過程中，行動的重要性遠超過空想。

「最好的教育是讓孩子們學會學習。」— 亞伯拉罕・林肯，每當我嘗試新的教學方式，鼓勵我們夥伴接受挑戰走出舒適區捲起袖子，並在完成的那一刻用欣賞的眼光迎接成就感時，就像一位努力的創業者，成功的可能性正是在這樣的過程中不斷被擴展。

當一名教師的態度從「哎呀，這太難了，學生做不到……」轉變成「這新東西似乎很有趣，我們來試試看！」這不僅是心態的轉變，更是對學生潛力的信任與期待。

即使，AI 技術橫空出世讓教學形式變得絢麗多樣，但它無法取代教師的引導與關懷。

因此，我們不僅要擁抱新技術，更要堅守教育的初衷，將學生的需求放在首位，並不斷反思如何才能更好地支持他們的學習之旅。

願同在教育創業道路上的您我，能夠勇敢迎接每一個挑戰，擁抱每一個變革，最終讓每一位學生都能夠成為最好的自己。「學生的學習不僅在於我們教授的內容，更在於我們激發的熱情。」—— 珍妮・科斯比

兒童教育問題，歡迎到本文首頁加我免費送：我的商城購物抵用金 50 元二次

不再迷茫！用事業腦談戀愛
幸福指南，幫你突破脫單瓶頸

Daphne藍均屏
新感情架構師 | 優勢參謀長

累積為數百位菁英進行一對一優勢諮詢，輔導客戶跨度新創公司、中小企業、上市公司、非營利組織、跨國外商公司。

line id : lovesorairo
加我免費送
《大齡女子的戀愛策略》
電子書／事業腦談戀愛 養成列車

嗨，我是 Daphne 藍均屏！許多人認識我可能是因為我是行銷公關專家和優勢發展教練，但有一個頭銜我同樣引以為傲：我曾是個奮鬥許久的"資深剩女"！

你知道嗎？我的愛情故事可以說是直逼志玲姐姐。她在 45 歲時與 Akira 結婚，而我則是在 42 歲時遇見了我的真命天子，並於 43 歲時步入婚姻的殿堂。

回想起來，我大約在 35 歲時，看著父母的感情那麼美好，讓我深深感受到擁有一段好的伴侶關係是多麼重要。無論人生遇到什麼風雨，能有另一半相互支持，真是美好的事！但是，我驚覺自己似乎並沒有真正花時間去學習和搞懂男女交往的底層邏輯。

我的交友方式過於佛系，沒有系統地去認識合適的潛在對象，這導致我對感情缺乏自信，暗戀的次數遠遠超過真正交往的經驗。更糟糕的是，當我終於發現身邊的優質男性時，他們早已成為了別人的丈夫。

我就這樣白白錯過了黃金擇偶期。到了 30 歲，我的母親開始頻繁問我為何還沒有交男朋友，而我內心其實一直在吶喊：「我不是不想交啊！」

大齡女子的戀愛策略

這讓我下定決心展開一個急起直追的計畫：我開始重新學習並練習用不同的方式約會。我上了很多課，看了許多書。在學習如何與異性互動、建立親密關係方面，我的金錢投資超過 50 萬台幣。時間更是不計其數。

最後，在我現在的丈夫向我求婚的那個星期，我突然有了靈感，將這些年來的體會和實戰經驗寫成了：《大齡女子的戀愛策略》，在本文首頁掃碼加我可索取電子書。

用事業腦談戀愛，立於感情不敗之地

現代女性在教育和職場上的成就，常常成為她們在尋找伴侶時的阻力。你是否也曾聽過長輩對你說：「你就是太強勢了啦！」或是「你就是太挑了啦！」這樣的話？怎麼我小時候一直叫我不可以輸男生喔，然後現在怪我太強勢，實在是太矛盾了吧？！

我曾經參加過一次模擬約會的實驗，顧問告訴我：「妳沒有什麼問題，不過如果男生不夠自信，他們可能不敢接近妳。」這讓我更加確信要做自己，並持續尋找那個真正自信的男人。漸漸地，我也更篤定，因為他將成為我人生的合夥人。

「用事業腦談戀愛」是我尋找另一半時身體力行的準則。這不是一個快速的過程。我用了大約 5 年的時間學習和摸索，之後又花了 2 年時間不斷認識人，最終在 42 歲時遇見了我的先生。讓我分享一下我的「用事業腦談戀愛」策略的核心三重點。

1. 擴大接觸範圍

業務銷售要找到好客戶的第一步，就是擴大接觸範圍。同樣地，在尋找伴侶時，我們需要接觸更多的異性，而不是等待別人來找你。你需要制定一個清晰的擇偶標準，就像銷售中的 BANT 原則，你也要列出你的「十要十不要」清單，然後開始主動接觸更多可能符合標準的人。

2. 篩選潛力對象

當你擴大了接觸範圍後，就需要像銷售中的篩選潛力客戶一樣，篩選出最有潛力的對象。不是所有人都值得你投資感情，你要清楚了解自己的底牌，並以此為基準進行篩選。這樣，你就能集中精力在那些真正適合你的人身上。

3. 主動經營關係

對於有潛力的對象，不要只被動等待，要積極主動地經營關係。這就像業務需要不斷跟進客戶一樣，但我們也不喜歡死纏爛打的業務。所以主動經營關係指的不是主動安排約會，而是把衡量彼此距離的主導權拿在自己手上。你需要提升對於認知彼此的距離的敏感度，吸引愛情並適度加溫，直到確立穩定的關係。

懶得認識人怎麼辦

當你看完我上面說，要大量認識人，但是你會不會想到要一直邀約陌生人見面，就覺得好麻煩？這是很多人內心的聲音，而我完全能理解這種感受。

即使內心的積極面告訴自己：「如果不採取行動，事情不會有進展和變化的。」但實際上，這真的會讓人感到疲憊。因為時間和精力是有限的資源，所以如果覺得這件事沒有意義或效果，誰都不會想投入太多。

覺得認識人很累的主要原因，大多是因為總是遇不到自己認為合適的人，或覺得那些不錯的人已經名花有主。在這種看不到終點、行動無法獲得正面回饋的情況下，容易感到無力和挫折。

為了讓情感之路更愉悅並順利，你要把握住一個重點：輕量化認識人的時間、精力和心態。

1. 適合的人不會馬上出現，需要長期思維與耐心，不要把焦點放在「人」上

你要建立正確的目標和期望值：見 100 個人不是為了找到「那一個人」，而是為了讓自己變得更輕鬆。在輕鬆、自在的

狀態下，認識的人更可能成為你的人生伴侶。

外出見面時，可以選擇自己喜歡的咖啡廳、餐廳或展覽，讓這次見面有額外的收穫。輕鬆地提出邀約，邀請對方一起去你感興趣的地方。

2. 在約會後安排一個自己的行程

絕大多數你見到的人都可能不會滿意，這是正常的。為了降低長期耗能造成的心理壓力，你要兼顧「時間、精力和心態的輕巧」。

讓初次見面變得輕鬆，不要安排太長的時間。我覺得最適合的約會形態，是約在下午3點的喝咖啡，然後不超過5點結束。

你可以上在晚上6點排下一件事情，或是單純和對方說，「家裡晚上有安排，時間差不多該回去了」，很優雅自然地結束這一局，也給雙方一個緩衝的空間，回去後再決定是否繼續聯繫。

3. 輕鬆的心態，只是享受時光

約會只是認識人的過程，不是考試。輕鬆地赴約，大量見人，一開始感到不自在是正常的，多練習後會越來越好。

認識 100 個人，不僅是練習篩選，也是在裝備自己。這 100 個人不一定是你的人生伴侶，但他們是你的陪練員，幫助你提升與異性相處的能力，磨練你在意的條件或特質是否真的重要。

別人喜歡或不喜歡你，和你無關

這一點我也是經過多年才真正理解。過去，我總是糾結於那些我覺得很心動，但卻不喜歡我的人，我就會很想知道為什麼，甚至想著改變自己來討他們喜歡。但我告訴你，我並沒有為我的老公做出特別的改變，我只是呈現本來的我，他就是怎麼看我怎麼可愛。這不是因為我為他做了什麼，而是他本來就喜歡真實的我。

事實上，你只要做最真實的自己，喜歡你的人自然會被吸引。所以，對於那些不喜歡你的人，不要再糾結或不斷反思了。

人的心動，往往是因為在你身上看到了他熟悉且感到幸福的東西，這些東西根植於他的成長經歷。因此，他喜歡的其實不是某個特定的人，而是他成長過程中的一部分投射。

同樣的，你喜歡的也不是「某一個人」，而是「某一類人」。因此，沒必要為了某個人的不適合而苦苦糾纏，因為這類人遠超你所需要的數量，而你只需要和其中的一個攜手共度一生。世界上一定有那個與你生命經歷產生共鳴、為你量身訂做的另一半。所以，如果有人不喜歡你，別難過，你依然很優秀，只是沒有和他的成長經歷產生共鳴而已，繼續翻牌，繼續打開漏斗過濾大量的潛在對象！

喜歡與否，其實是刻在大腦迴路中的，是由成長經歷影響的，不是我們可以輕易改變的。因此，沒必要花太多心思試圖讓某個人喜歡你。你只需以自己為中心，優雅地發展自己，然後擴大你的社交範圍，設定過濾標準，最終找到適合你的人。

對愛情的嚮往是正常的，不需要因為害怕受傷或覺得感情複雜而將自己封閉。好的愛情是雙向的，能讓我們成為更好的自己。儘管親密關係需要經營，但它們能帶來真正的幸福與豐盛的人生。健康的愛情核心在於尊重，雙方共同努力，才能享受細水長流的美好愛情。

這條路你不孤單，讓我陪你

我擅長運用行銷溝通的專業技巧，結合理性助人成長的特質，特別針對自雇者和單身專業人士，分享如何利用個人優勢來成功經營事業與人際關係。我用心發掘並培養你的優勢，幫助你專注於目標，在脫單的旅程中保持積極向上的心態，並在每一步中給予溫暖的支持與鼓勵，竭盡全力成就你。

如果你在尋找人生伴侶的路上感到迷茫，或希望在戀愛中找到更多方向，我誠邀你參加《我用事業腦談戀愛》共學社群。我將不定期舉辦免費的線上研討會，幫助你更有計劃地經營愛情，不再盲目追求，而是有策略地找到真正適合你的伴侶。

歡迎到本文首頁加我，送你《大齡女子的戀愛策略》電子書。

如何掌握社群營銷秘訣
解決客流量不足問題

陳韋霖　社群營銷達人

社群營銷講師,並且經營粉絲作引流的工作

不花廣告費,沒有作廣告投放,只用LINE群引流創造超過千萬營業額,協助對接,辦活動,引流,協助解決客流量不足

加我好友送你線上社群課程
教你如何吸粉抓潛引流
Line ID：0958672214

在現今數位化的市場中，品牌透過社群媒介與粉絲互動已成為不可或缺的一環。特別是利用 LINE 群組這一平台，能夠讓品牌與客戶建立更緊密的連結。

那麼在玩轉 LINE 群組之前首先你要瞭解這個 LINE 群背後有什麼樣規律和秘密，包括我跟大家分享的所有行銷秘訣它一定是有理論之稱的，一定是一種心法而不是簡簡單單是一種技巧。

人性三大秘密

第一大秘密叫"孤單"，其實每個人都是孤單的，除了親人之外，有十個人記住你的生日嗎？其實是寥寥無幾，所以我們都需要一個社群給到我們內心的一種歸屬，那麼移動互聯網也好，LINE 也好，它解決了一種技術問題，在 LINE 的主頁都會有今日壽星，甚至後幾天的壽星，是不是都可以去規劃群友的大日子，去給他一個驚喜，可以幫他在線下辦活動，至少也能在群裡去祝他生日快樂，只要你能幫群友創造這樣的驚喜，相信他也會變成你的鐵粉了。

那麼第二個就是"恐懼"，在這個世界上我們每個人都是天生的不自信，天生的自卑，天生的恐懼，一個人之所以恐懼，是因為在這個世界上我們每個人都是深深的沉浸在自己的世界，沉浸在自己的領域，沉浸在自己的行業。對自己行業以外的任何未知事物都感到天生的恐懼和害怕，所以你在 LINE 群裡面，你不要去隨隨便便的去發廣告，因為你發了廣告也沒有作用，別人也不會去相信你，因為他恐懼，你需要跟對方做一些更多的互動和信任的一種動作去跟對方來建立一種鏈接。

那麼第三個叫"自由"，每個人他最深層處的需求就是自由，那麼 LINE 群這樣的一個群體，它可以聚集一群自由玩耍的群友，因為大家在這裡能放得開，但也不是無時無刻都是完全開放的，不然會變成廣告群了，所以可以在一定的時間內去設計開放大家來分享自己的服務。

LINE 群組三大混群法

那麼瞭解三大秘密之後，我們怎麼去玩轉 LINE 群呢？

第一種混法叫價值，就是你在 LINE 群組裡面，你一定要學會貢獻價值，你只有先去付出，先去貢獻價值，別人才願意跟你玩，沒有價值的人，別人不會來跟你交朋友，那麼這個價值不一定就是要去講課和分享，因為不是每個人都會去分享的，那麼你可以在 LINE 群裡面做一些服務，去多參與，或者說你可以去發紅包啊，那麼這些都是一種價值。

第二種叫好玩，既然是在玩轉 LINE 群，那你就要玩得起來，好玩的人開心的人，大家都會喜歡的。所以呢，其實在玩轉 LINE 群的時候就跟現實生活一樣，你不要去糾結一些小事情，你要學會開放你要學會包容，更重要的就是開心就好，一群人在一起大家要學會更多的去互動，要能夠玩得起來。

那第三個叫"尊重"。在這樣一個群體當中，你要學會尊重每一個人，尊重是所有交往的前提，比如說，我在我們 LINE 群裡面，大家在玩紅包接力，如果你要參與，你就要接力下去，不要搶了別人的紅包然後你走人了，那麼你就很難在這個社群裡面立足了，因為別人都不會認可你。所以，我想通過我的一些實踐的分享，通過對人性的瞭解，在 LINE 群裡面能夠玩得越來越開心，越來越有意思，越來越好玩。

LINE 群它是一個非常重要的行銷工具。LINE 群的行銷如果說你用好了，將會對你的整個銷售和成交可以帶來非常大的幫助，但是 LINE 群目前的現狀，很多作 LINE 行銷的人已經把 LINE 群玩壞了，或者說大家已經不知道怎麼去玩了。因為他們不懂的創造個人 IP，不懂的去經營群組，只知道進入別人的群裡就發廣告，而且不只一次，是數次，甚至是半夜趁大家都睡了在那裡發廣告，甚至還會強行侵占記事本去發廣告，總以為量大就可以得到成果，可能以前還會有一些成效，但現在大家都已經不吃這一套了，看到你這個廣告號，第一個動作就是把他踢出去而已，這種廣告方法已經不實行了，所以在沒經營群的前提下，只會到別人的群裡發廣告的時代已經過去了。

LINE 群操作三個有效的秘方

1. 與群友互動和體驗，通過建立信任達成成交。

大家要去明白，為什麼你加了很多群，包括你自己也建了群，但好像都沒人回應，甚至都變成了廣告群，因為在整個過程中你沒有跟客戶互動和體驗，你沒有利用群來跟群友建立信任，從而達成好的成交。這時候應該怎麼互動和體驗？你可以把這個 LINE 群理解成為我們線上的俱樂部或者研討會，這個群就是你線上的一個場所，這個場所來為我們吸引潛在客戶或者目標客戶。比如說你的群體是針對寶媽的，那麼你可以線上開一個寶媽俱樂部，寶媽該怎麼樣帶孩子，或者調整自己的心情以及產後恢復身材等等，你可以聊這些來增加互動和體驗。或者說你的群體是針對學習者的，你也可以開個讀書分享會，通過這個群來跟群友作互動和分享某些書的讀書心得，圍繞互動和體驗來分享，建立信任度，讓他認識你，瞭解你，愛上你之後從而信任你之後達成成交。要掌握互動和體驗的精髓。要怎麼在群裡去互動？比如我現在要發起一個線上活動，我要先預告幾月幾日幾點時要分享什麼主題，在前幾天甚至當天還有前半小時都要分享去預告，同時在開課前十分鐘也可以進行紅包接力，通過這種方式來進行互動，我覺得是非常不錯的方式。

當然這裡還有很多比較有創意的互動方式，這個也可以參考我另一個 LINE 社群營銷實戰寶典一書裡，都有更多清楚的介紹，但是你首先理解一個非常重要的東西，就是並非這個群人越多越好，所以不需要去追求每個群都一定要塞滿五百人，而是你要想方設法進行互動和體驗，這個就相當於你線下的俱樂部和研討會，你要通過這種方式來讓你的客戶跟你建立信任關係。

2. 只有傳遞高價值才能輕鬆成交，輕鬆賺錢。

除了互動和體驗之外你要思考，你的寶媽俱樂部，你要讓這些寶媽看到，這些關於帶小孩的分享或者體驗，別人把錢交給你了確實能夠對他教育小孩子有幫助。或者你的讀書分享會按照你的分享，確實能夠讓我讀進這本書更多內容，你還要給他傳遞高價值，可能還要講課，還要實操，還要帶她行動，所以你的群裡你也要傳遞高價值。那如何傳遞高價值？有一點非常重要，你要學會講課，你才能傳遞給他價值。所以 LINE 群除了互動以外，還要有人經常講課，傳遞價值，你講課的內容還要和你所做的產品掛上關係，比如你是減肥的，你要告訴他怎麼獲得健康的生活方式，怎麼去配餐，甚至置入行銷一些減重產品。比如你是做親子產品的，那你就告訴他親子產品的一些體驗，親子的一些知識，甚至一些相關的產品，一邊分享乾貨的過程，一邊就要作置入性行銷。

3. 團隊協作遠遠大於單打獨鬥。

我們可以找到同群異類的夥伴來進行共同建群。最好是這些夥伴的品項沒有任何競爭關係，但是產品又有互通性，比如說一個客戶可能需要去減肥，他可能需要治裝，可能需要買化妝品，也需要親子方面的服務，這些產品不會有任何衝突。我們就把這些夥伴找到一起，可以一起來開發這個群，一起來建這個群，一起把各自的粉絲導流入群，通過群裡進行各種產品體驗，同時來傳遞高價值來吸引這些客戶，最後變成各自的客戶，而且這些夥伴都能達成共識，非常清楚知道該怎麼去做，所以一起配合來做這樣一件事情。這個時候團隊協助的力量遠遠大於單打獨鬥，因為一群人共同來維繫和開發這個客戶，你的時間和精力，還有你的資源共用性都更強大，因為你一個人建一個群，你不知道該怎麼去互動，你的力量很單薄，而且你一個也傳遞不了多少高價值，大家都可以論流講課。這時候群組就會發生非常大的威力。所以我現在正在做的事情是讓每一位群友快速在這裡開啟不一樣的的社群營銷經營之路，這種方式比你之前盲目的加好友，盲目的群發廣告要更好，這種方式做起來之後會讓你的群友體會到你的高價值，你也能感受到團隊協助的威力。

當你加入一個群之後，會跟一群人發生關係，那麼這個時候呢？你就會跟一群人來建立信任，這樣就會對你做行銷有很大的幫助。你要學會去加入一個高品質的社群或者說你自己打造一個高品質的社群。那麼當你學會玩社群或者說學會借助社群來做行銷的時候，你所有的行銷就會變得更簡單、更輕鬆。

三個高品質社群的特點

1. 社群應該有一個進入門檻。

換句話說你這個群組不是想進來就進來的，要設制一些進入門檻，不是免費就能加入的，但也不一定全然就是一定要收費的，我指有門檻是進入門檻而不只是收費門檻。我認為，一個社群的加入要有一個過程,例如像是你必須要聽完三堂課後，你就可以進入另一個群，或是說你必須要有一個推薦人才能入群，甚至最簡單的就是收多少費用才能入群等等…，也就是要有一個特別的門檻，而不是每個人都能點擊就進去的意思。有個門檻可以篩選掉很多牛鬼蛇神，像是很多廣告號都會入群去打廣告，如果你有付費機制或是推薦機制就可以避免這樣的廣告號入群去打廣告，就可以省下很多管理的時間。

2. 高品質的社群內部一定是個強關係。

大家的氛圍都是非常和諧和正能量的，不可以在群內吵鬧，謾罵，而且群友互動非常多。並不是像很多的 LINE 群那樣，第一天加進去大家很熱絡，第二天慢慢的慢慢的沒消息了，到後面就只剩下大家在發廣告，再到後面連你自己都不想進群了，這樣的社群就不叫社群，更談不上高品質的具有內部強關係的社群，所謂強關係就是群主要跟群友去互動，分享日常生活所見所聞，至少每一天，或二天都要跟群友去打招乎，去分享一下內容，互動等等，才能創健一個群的強關係。

3. 高品質的社群一定有一個自己的腔調。

怎麼樣才是自己的腔調？每一個社群他都會有不同的一些腔調，那這個可能源自於最初發起這個群主的想法，到後面會因為他聚集了一些同學，這些同學在一起形成了一些特定的風格。比如說我的班主任學習群，是一開始我打算把一些學習的乾貨分享給我們學員的筆記群，但後面漸漸的轉向變成了教群友去經營自己群組的私密群，一直到今天為止，我們就是一個正能量的社群是大家互動的一個平臺。

我們在這裡面宣導開心和好玩的資訊，然後輕鬆學習一些營銷秘訣，然後給大家各式各樣的福利，進而順便來賺錢。這就是一種腔調。我們強調的一定是開心和好玩，然後在這個平臺上面，比如說，無論是那一行業的，我們都歡迎他來加入來學習。因為我們是平臺，不會排斥任何產業，也不會跟任何人有衝突。但是同時我們也嚴格要求每一個加入的人，不能在群內有任何的負面抱怨行為，也不建議大家去討論政治或宗教議題，因為很容易會造成不必要的爭論，如果說這個人完全是跟我們的風格不是太匹配，其實我們是不太願意讓他來加入我們群組，甚至警告三次屢勸不聽的話就只能把他請出群了。

打造高品質社群的三大秘密

1. 把到處去上課聽到營銷秘訣分享在群裡，因為我們群內好友很多都是作直銷，保險，甚至很多的銷售員，所以只要一些市場營銷秘訣，都會在我們群內去作一些知識性的分享，我們群友就可以用到他的產品上，用完之後有效果，我們就會開始群友出來進行分享心得及經驗。

互相串場來進行分享支持。你看這個感覺又不一樣，有的時候我在外面會認識一些牛人，我也會邀請他到我的群裡跟大家認識及分享他的知識點，那麼這個過程中大家都能成長，而且牛人在群裡分享時互動性非常高，因為又是一個取經時間，有時候牛人的分享都會是群內好友最愛的環節，又可以認識高端的人脈，所以這就打造了一個我們非常高品質的一個社群。

2. 轉播分享日常的吃喝玩樂，有時我都會被招待到特別的場合，像是豪宅，或是很棒的餐廳，很棒的料理介紹，或是去參與一些分享會，舉凡所有新奇特別的內容，都可以發文字、照片，甚至是視頻等等，實況轉播到群裡，都可以引發很不錯的互動。

3. 跟廠商要福利分享群內的好友，我們可以去談很多不同的合作內容，都會去跟廠商要一些試用試吃的專案，甚至是折價券等等，只要你有粉絲，你將會有一些話語權，甚至你也會吸引到很多廠商願意主動來找你把資源送給你，比如說就有很多項目方的人會主動來給我一些餐會的名額，讓我直接帶我們的學員來免費用餐，把這些當成福利就直接送給了我們的群友。只要你有足夠的粉絲，你就可以有很多的話語權及得到各式的福利，所以我說經營粉絲的重要性，不在話下了。

社群管理的四大問題

然而，在這個過程中，不少企業面臨著粉絲參與度不足、品牌曝光度有限、內容企劃挑戰、危機處理能力，以及社群管理資源有限等多重痛點。

首先，粉絲參與度的提升是社群活躍的關鍵。即便群組成員數量龐大，若缺乏互動，社群活力將顯著下降，這不僅影響品牌的忠誠度，還會削弱銷售轉化率。因此，如何設計出吸引人的互動活動，並鼓勵成員參與，是每一位經營社群的群主去提升參與度的有效手段。

其次，品牌的曝光度需要創新的策略來補足不使用廣告所帶來的限制。透過精心策劃的活動和內容行銷，品牌有機會在競爭中脫穎而出，吸引新的潛在客戶。內容企劃的挑戰在於如何持續創造出能引起粉絲共鳴和互動的高質量內容。這需要對粉絲需求有深入的理解，以及不斷的創新思維，以便提供貼近他們生活的價值。

再者，在社群中，負面評論或意見回饋是無可避免的挑戰。建立一套有效的危機處理機制，能夠幫助品牌迅速應對突發狀況，維護其良好形象。

最後，社群管理的資源調配也是一大考驗。隨著社群規模的擴大，合理分配資源以支持持續的互動和管理，是確保社群健康發展的基石。透過針對這些痛點的策略性改善，能夠在社群營銷中獲得更長遠的成功，並與粉絲建立持久的關係是有一套系統性的方法。

隨著市場變化不斷學習和改進自己的策略，我也設計了一整套的社群營銷實戰課程，內容包含了開始學習社群前的智慧，社群小白基礎知識必修，新手如何玩轉社群13個要點，社群營銷萬能公式，社群流程的設計，社群營銷推廣的模式，提高銷量及重啟行啟的方法，打造個人IP的方法，發動態朋友圈公式，行銷升級及打造分銷體系二個關鍵，是每個想從事社群營銷的朋友進入的捷徑。

展望未來的社群營銷趨勢，感受到即使掌握了這些秘訣，仍需要與時俱進，不斷提升自己的技能，都可以透過私訊，我可以邀你到我的群組學習更多社群秘訣。

歡迎到本文首頁加我，送線上課程"教你如何吸粉抓潛引流"。

不可思議，25歲，
7天賺95萬，怎麼做到的？

Maggie 贏銷鬼才

我畢業就失業，

是Caro老師的第一位嫡傳弟子

群操3.0研發並實踐，

群內不見面，40分鐘成交40單

私域發售最高7天淨賺95萬，

擅長發售模組變化

line id：maggies93328

加我，送一對一20分鐘諮詢

"如何私域快速裂變"

大家好我是 Maggie，是一個一畢業就遇到疫情，成為剛畢業就失業的受害者。

我的座右銘是能吃就是福，能飛就不跑，有網路就不走馬路。個人講話比較直白以下內容是真實心得。

緣分讓我和 Caro 老師在一起，我很愛她，Caro 老師是一名有著 10 多年經驗的網路行銷大師，老師的智慧真的讓我佩服的五體投地，市面上有很多種老師，但是專注學員成功而不帶著自身利益的老師很少，很簡單，因為 Caro 老師教的是實操，而不是理論心靈雞湯，這點讓我特別認同。

Caro 老師常說比起學習理論更應該重視實際操作，才是成功的捷徑，這點我百分之百認同完全同意，並願意跟隨老師一直到現在，從不掉隊。

跟著 Caro 老師學習發售是在兩年前（2022 年），我跟大多數學員不一樣，大家看的是老師在賣課程，我則是會仔細觀察老師行銷上的環節及步驟，並且嘗試將這些策略應用到自己的產品中，Caro 老師在教學上特別落地實用，因為她的發售模組都是親身實驗後，確認有效才教給我們的。透過這些模組，我成功地將它們運用到自己的產品上，並且激發了許多新的想法。

我的人生第一場發售..."閃電發售" 25 歲，3 天淨賺 5 萬.......

我的第一次發售是在我 25 歲那年完成的，我稱它為"閃電式發售"，這個名字的意思就是要像閃電一樣快，我開設了一門課程，教導如何在短時間內有效地在 YouTube 上打廣告。這次發售的成功，不僅讓我學到了許多，也為我帶來了實實在在的收益.......在短短 3 天內淨賺了 5 萬元。

Caro 老師對我們學員真的很好，她經常在自己的課程中為我們做見證，提升我們的能見度，幫我們引流，這讓我受益匪淺。我注意到，很多其他課程都是學員在見證老師的產品，但 Caro 老師卻反過來，主動為我們學員做見證，這點真的讓我非常感激與感動。

當機會來臨時，一定要勇敢說出「我來」！

我很謝謝老師給我機會，老師常常給我機會在她課堂中公開曝光，這樣的心態讓我在學習和實戰中受益良多。我深知，機會是留給有準備且主動爭取的人，所以當有機會來臨時，我總是毫不猶豫地把握住。這次的"閃電式發售"就是一個很好的例子，通過 Caro 老師的支持和我的主動爭取，我成功地將理論轉化為行動，因行動產生實際收益，這不僅增強了我的信心，也為我未來的發售打下了堅實的基礎。

這段經歷讓我明白了一個道理：成功不是偶然的，而是來自於不斷的學習、實踐和主動出擊。如果我當初沒有主動爭取，可能就錯過了這個讓我賺取人生第一桶金的機會。所以，我想告訴每一位學員，當機會來臨時，一定要勇敢說出「我來」，只有這樣，才能真正抓住成功的機會。

全網路不見面，一天，我的群組湧入了 223 人

當時我進行了"閃電式發售"，利用了 Caro 老師課程尾聲的時間向老師的粉絲們做了簡單的曝光。我告訴他們，如果有興趣學習我的 YouTube 廣告課，只要我的群組人數達到 200 人，就會開放所有人以 100 元的超低價格參加這門課。結果，在短短一天的時間內，我的群組湧入了 223 人。這對我來說是前所未有的經驗，看到這麼多粉絲湧入，我真的開心了好幾天，這也讓我深刻體會到老師所說的"善用人性"的道理。

接下來，我對這些新加入的成員進行了進一步的篩選和過濾，最終大約有 190 位學員付費參加了我的課程。令人驚喜的是，這些收款全都是通過網路完成的，讓我在家裡就能輕鬆管理整個過程。雖然有人質疑這麼低的價格能否賺錢，但對我來說，這是我第一次真正落實發售策略，那種感動是無法形容的。

不是很厲害才開始，而是開始了才會變厲害！

這次經歷讓我更加明白 Caro 老師所說的那句話："不是很厲害才開始，而是開始了才會變厲害！"這句話真的說到我心坎裡了。這次的"閃電式發售"就是一個活生生的例子，證明了行動的重要性。即使一開始你可能還沒有準備好，或者還不確定是否能夠成功，但只要你勇敢地邁出第一步，就能夠在過程中成長，變得越來越好。

在這個過程中，我學到了如何抓住機會，並利用已有的資源達到目標。透過 Caro 老師的課程，我了解到如何善用人性來推動發售，這不僅僅是技術上的操作，更是心理層面的掌握。透過給予潛在客戶一個明確的動機......用極低的價格學到有價值的東西，我成功地吸引了一大批人參與，並最終轉化成為付費學員。

這種策略的成功，讓我對未來的發售充滿了信心。我明白了發售不只是設計一個產品並推銷出去那麼簡單，而是需要深思熟慮的策略和對人性的理解。Caro 老師的教導讓我能夠在短時間內達到理想的效果，也讓我相信，只要按照老師的方法去做，任何人都能夠實現發售的成功。

這次"閃電式發售"對我來說，不僅是一個成功的商業嘗試，更是一個讓我成長和學習的機會。它教會我，行動是成功的關鍵，只有在實踐中，你才能找到最適合自己的發售方式，並一步步走向成功。這次的經驗不僅讓我賺到了人生中的第一桶金，也讓我對自己的未來充滿了信心。我會繼續跟隨 Caro 老師的腳步，不斷學習，不斷進步，將這份成功的經驗延續到未來的每一次發售中。

後續追銷放大

第二階段我設計賣教學錄影檔 1000 元，並且提供一次一對一諮詢。第一次發售總共三天，在家淨賺 5 萬左右，開心！

這次的發售不僅是我的第一次發售，很多事情都沒經驗，遇到問題趕緊跟老師一對一，跟緊老師並及時修正。對於這次的初戰我是滿意的。也覺得發售很有趣。發售是會上癮的，有一就會有二，於是我的第二場發售就開始了。

我的第二場發售 " 萬花筒式發售模組 "…… 我的老天鵝啊，7 天淨賺 95 萬 !!

粉絲是會疊加的，有了閃電式發售讓我引流到很多客戶，所以一樣想上進階課程的人我就沿用原本的群布達，在加對外曝光繼續引流。

這次我在套用 Caro 老師發售中的『培養』環節，學以致用，我在群裡面每天晚上做小撇步大分析的語音課堂，提供群內價值，讓學員知道我對網路行銷這塊是專家，很榮幸很多學員會在群內與我互動，詢問問題等等...

我的萬花筒式網路行銷發售，在結合跟老師一對一諮詢，老師把美中不足的部分補齊，優化，竟然讓我 7 天淨賺 95 萬！！

我的老天鵝，活了 25 歲從來沒有短時間賺過這麼多錢...

現在回想當時，其實發售時我是不會害怕的，因為我知道當我有疑問時，我的問題是能夠被解決的，完全的信任 Caro 老師外加聽話照做，讓我達到意想不到的成績。

我認為手感來了就要繼續不要停，所以我...

開辦了第三次發售，"有我在你成交"
7 天的發售淨賺 30 萬 ...

這次很特別，當我跟 Caro 老師一對一諮詢時，老師給到我一個概念：就是用 "100 元優惠券放大價值"，也是因為這個創新的祕法 + 善用人性，因為，人性不只喜歡貪便宜，更想要 "佔便宜"，讓我短短 7 天的發售淨賺 30 萬 ...

發售知識變現，善用人性按鈕，批量成交真的是讓我太吃驚了！

回想我剛畢業的時候，我不敢相信我會超越我的同學這麼多，這麼快，讓我現在可以想去哪個國家就去哪個國家 ... (偷偷告訴大家，去年我已經搭郵輪歐洲跑一圈了 ...) 因為我可以大聲的告訴大家，我用電腦在哪都可以上班 ...

群操 3.0 的誕生，發售成為我的商業模組，
行銷閉環，不再擔心網路創業

也因為這樣，我不斷地做發售，接著我還跟 AI 獲客小王

子 Adam 老師，開始合作發售，我們合作過幾場 "AI 淘客自動上谷哥蛋黃區" 的發售，現在算起來也已經做了 3~4 次，每次發售大約 7 天都可以淨賺 30 萬以上...

就像我說的一樣發售做著做著就上癮了，於是又迎來我新的發售，群操 3.0，我只能說這真的是個意外，群操 3.0 的誕生是我正在做 00 後不見面也能月入百萬的時候，我的心智圖裡面的策劃，當時深夜正在思考該如何裂變的同時，參考到我們以前所做過的各種群操，也就是群操 1.0 跟群操 2.0，正在思索，要如何才能讓 "裂變的勢能" 起來，並且大家又都能 "簡單複製" 時，腦袋突然就有想法了，跑出了一系列的簡單複製的流程，用群就可以大量裂變客戶，還可以做到輕鬆成交。

所以我的群操 3.0 就是在發售時誕生的新模組，如果當時我沒有熬夜想出這個點子也不會有現在的群操 3.0。他讓我 40 分鐘成交 40 單、3 天成交 164 單效果超群，於是在 00 後不見面也能月入百萬的發售結束後，我就決定了我的下一個聯合發

售 "云創業"，我很榮幸能夠讓學弟學妹們都使用到這個群操 3.0 的技巧，後續用這個方式，9 天我們又裂變了 378 人，成交 499 元共 305 單…，依舊是只用社群，不用見面。

"發售" 終將取代 "銷售"

發售是疊代的，只要我每次持續在做發售，我都是在進步、都是在成長，每一次的成功案例都是我下次發售的見證，我深刻的體悟到，發售是未來不可或缺的一種行銷方式，"發售" 即將取代 "銷售"。

因為屢試不爽．．．．．．．每當我想偷懶，想直接賣產品，效果一定很差，真的！

經過兩次的操作群操 3.0，我決定再辦一次發售，教會大家會運用我的群操邏輯，所以我又舉辦了一場發售。

這次發售比較特別的是，我讓參加的學員們直接跟著我做一次群操，因為我的理念一直以來都是，"想都是空談，要做了遇到問題那才是你要花時間去解決的真正問題"。

這次的發售環節首先一樣是鳴槍示警，一定要先讓你的精準客戶先聚集，並且要告知他們我即將做什麼，這點在發售環節極其重要，並且你還不能講得太明確，要製造願景，露出內容但不做銷售。 這些要點缺一不可，而且真的有用，這一套流程甚至後來我到中國去取經，增長見聞又發現，所有中國大咖講師通通都在用 "發售" ！

市場上將來會越來越緊縮，沒有發售你將賣不出東西........

所以鳴槍示警其實是最下功夫的部分，你的成交力道在於你的預熱程度，以及你上一場發售的成交見證。

接下來我在群內就是給予價值並做成交，陸續有學員來學習我的群操3.0，接下來的環節還蠻有趣的，我直接帶著我的學員每天開晨會，其實晨會就是開始實戰了，直接帶著他們操作一次我的群操3.0，後端才開始上課........

我覺得這樣的效果最好，因為我成功的學習路程就是先做，後面就領悟為什麼要這麼做，但是如果我反過來還沒做就一直想一堆問題，那將會拉走我的勇氣我的信心，我就會不敢實做，甚至退卻覺得不可能做到，所以我也想用這樣的方式帶著我的學員學會群操 3.0…

這門課交付完成後，我又緊密的安排下次的發售，這次不一樣了，因為我到中國去取經，為了學習現在的趨勢 AI 我跟 Adam 老師及 Caro 老師到中國深造，一方面是去學習 AI，一方面也是去拜訪中國發售教父。

這趟學習之旅很有趣，前端我先學習 AI 應用，這幾天發現，這堂課的每位老師都在用"發售"作成交，並且他們的絕活都是源自於同個門派，也就行程的尾端我們要去拜訪的，Caro 老師的師父........

真的太震撼了，當我們一見到師公，我們的疑難雜症，都不需要多說，師公一眼就看出來，一點就解決問題，這就是所謂的發售高境界…

我無法詳細的告訴大家我問了什麼，但是我知道，未來的台灣一定會走向"發售"，而師公的門派 "逍遙族" 被

Caro 老師繼承到台灣，是全台第一位開始做發售的老師，也深受師公認可。

最後我想說，真的很幸運跟著 Caro 老師傳授這麼厲害的生存本能給到我，讓一個小小年輕人能夠擺脫社畜的命運，在家用知識就能變現。

如果你也想像我一樣，"在家用知識就能變現"，歡迎到本文首頁加我並領取：一對一 20 分鐘諮詢"如何私域快速裂變"

從連鎖加盟系統的老闆到網路變現師，助人完成夢想

David 網路變現師

原電腦美語連鎖加盟系統老闆，

轉型專職做網路行銷，

曾用電腦透過網路

30天收入304萬。

line id : imds1491

加我免費送

電子書製作密技

我曾經是電腦美語連鎖加盟系統的老闆，轉型專職做網路行銷，一路成長，找到自己的方向，把自己的知識能力，分享給他人，助人完成夢想的故事，對正在尋找自己的方向，不知如何行動的朋友們，可以做為借鑒參考。

您好，我是 David 網路變現師，在網路上成功變現，曾用電腦透過網路 30 天收入 304 萬，現在致力於分享自己的知識能力，幫助他人完成夢想。我擅長通過網路行銷實現財務自由！通過撰寫文章、製作美圖、錄製影片、實戰教學等方式，分享最新的 AI 網路行銷自動化賺錢技巧。

掌握網路趨勢，開啟財富新機遇

由於經濟不景氣，加上時代趨勢迅速變化，電腦美語連鎖加盟經營得很辛苦，我在想應該要轉換跑道了。

其實我和大家一樣，都在找一個機會，可以讓自己和家人過得更好。但是，機會在哪裡呢？

在尋尋覓覓的過程中，我發現機會就在掌握趨勢潮流中，因為你可以拒絕流行，卻無法阻擋趨勢，如果能夠掌握趨勢，就能搶到先機創造錢脈。

趨勢就在網路，沒有網路就沒有財路，網路是窮人的原子彈，學會網路行銷，就打開了財富之門。

我曾在 2005 年接觸到一家國外來的直銷事業，是線上學英語的平台，它的會員網站有類似部落格的空間，可以自己輸入內容做網路曝光進而成交,這個類似部落格的會員網站空間，我用得很順手，讓我成交了很多訂單。當時我就在想，網路行銷、網路變現這種方式，一定會有非常大的發展。

所以我就持續的關注和學習網路行銷，了解如何在網路上成功變現。我開始積極參加很多網路行銷課程，也從實務上自己摸索及總結驗證。從 2005 年到現在，累積了不少網路行銷實戰經驗。我曾用一部電腦透過網路，30 天收入 304 萬。

我曾經擔任網路公司特約技術客服總監；聯盟行銷顧問、教練、講師。客委會特約社群行銷顧問；淡江大學推廣教育網路行銷講師。

在一次 "世界網路大師高峰會" 的學習課程中，認識了 Caro 老師，成為同學。2017 年接受 Caro 老師的邀請，成為全網贏銷的教練，一直到現在。

AI 時代下，網路變現的 10 個關鍵要素

經過多年的學習、摸索、總結、驗證及輔導學員的過程中，我發現如果你想做網路行銷，要在網路上成功變現，下面 10 件事你要知道：

1. 在網路普及的現代，網路變現已經是很多人追求財富自由的目標。透過網路平台，我們可以接觸到全世界的人，並

且用各種創意方式，把自己的知識、技能或產品轉化為收入。傳統的賺錢方式，往往受限於時間、地點和人力等因素。網路變現則打破了這些限制，能夠隨時隨地、以最低的成本，創造無限的可能。

2. 網路變現的方式有很多，常見的有以下幾種：

聯盟行銷：透過推廣他人產品或服務，獲得佣金。

網路廣告：在自己的網站、部落格（博客）或社群媒體上投放廣告，獲得收益。

自媒體：透過建立自己的網站或社群媒體平台，分享內容，獲得廣告收益、會員費、贊助等收入。

線上課程：製作線上課程，出售給有興趣的學員。

數位產品：製作數位產品，如電子書、音樂、影片、數字人等，出售給有興趣的人。

例 1：聯盟行銷：我當初用一部電腦透過網路，30 天收入

304萬，做的就是聯盟行銷。

例2：網路廣告：2023.11.03我在痞客邦建了2個部落格，運用全網贏銷的AISEO工具，經過10個月，其中

第一個部落格的參觀人氣流量來到了530萬7084人次（如下圖一），部落格廣告收入是新台幣6533元（如下圖二）。

圖一：

圖二：

第二個部落格的參觀人氣流量來到了374萬8800人次（如下圖三），部落格廣告收入是新台幣4137元（如下圖四）。

圖三：

分類：數位生活

參觀人氣

本日人氣：5
累積人氣：3748800

圖四：

3. 網路變現需要一定的技能，包括：

網路知識：了解網路的基本概念和操作方法。

內容創作能力：能夠撰寫吸引人、有價值的內容。

行銷技巧：能夠有效地推廣自己的內容或產品。

時間管理：能夠有效地安排自己的時間，兼顧工作和生活。

4. 網路變現的成本因人而異，取決於你選擇的變現方式。

有些變現方式，如聯盟行銷，不需要任何成本；而有些變現方式，需要購買域名、主機等費用。

5. 選擇網路變現方式，要考慮以下因素：

你的興趣和專長：選擇你感興趣並有一定專長的領域，更容易成功。

你的時間和精力：選擇需要投入時間和精力相對少的變現方式，更容易兼顧工作和生活。

你的目標收益：選擇符合你目標收益的變現方式。

6. 提高網路變現效率，可以從以下幾個方面著手：

做好規劃：在開始前，做好詳細規劃，包括內容創作、推廣策略等。

持續學習：不斷學習新的知識和技能，提升自己的競爭力。

利用工具：利用各種工具，提高工作效率。

7. 隨著網路的普及，社群媒體的興起，人們的生活方式逐漸發生改變。社群媒體不僅成為人們交流、分享資訊的平台，也成為新的商業模式。社群變現，是利用社群媒體來獲取收益，是通過社群媒體創造價值、吸引流量，進而進行商品或服務銷售、廣告推廣、知識付費等方式來獲取收益的一種模式。

8. 社群變現要注意以下幾點：

選擇合適的社群平台：不同平台的受眾群體不同，選擇合適的社群平台是做好社群變現的第一步。

打造有影響力的社群：只有這樣才能吸引更多的流量，進而進行社群變現。

提供高質量的內容：高質量的內容是吸引流量、提升社群價值的基礎。

選擇合適的變現方式：根據自己的實際情況，選擇合適的變現方式。

9. 在網路變現中，SEO 具有重要作用。通過 SEO 優化，可以提升網路變現的效果。所以充分應用 SEO，就會在網路變現中取得成功。以下是一些 SEO 技巧：

創作高質量的內容：內容是 SEO 的基礎。要創作高質量的內容，滿足用戶的需求，才能獲得搜尋引擎的青睞。

使用正確的關鍵字：關鍵字是用戶搜尋訊息時使用的詞語或短語。要在網站中使用正確的關鍵字，才能讓你的網站出現在用戶的搜尋結果中。

優化網站結構：網站的結構清晰，可以讓搜尋引擎更容易理解你的網站內容。

增加外部反向連結：外部反向連結可以提升網站的權重，從而提高排名。

10. 隨著網路技術的發展，網路變現的未來趨勢將更加多元化，更加注重內容創作和個人品牌的打造，以及 AI 人工智慧的應用。

掌握「成功三借」，讓網路行銷變現更高效

自 2005 年到現在，我學習網路行銷，在網路成功變現，同時輔導學員，除了發現以上要知道的 10 件事情外，還有以下的心得及感悟：

如果你想成功，想讓自己和家人過得更好，成就美好自在的人生，那你一定要落實成功三借。

借勢：

看懂趨勢，找對平台，跟對人，做對事。人生最大的智慧，是選擇的智慧。現在人類文明的發展，後疫情 AI 時代的趨勢，就是網路行銷，雲端遠距成交，AI 自動化行銷。這已經不只是趨勢，更是現在進行式。

請問你借勢了嗎？

借智：

坐而言，不如起而行。有智慧的人，都是認真學習，聽話

照做，立即實際行動的人，因為這樣可以讓你縮短成功的時間。

請問你借智了嗎？

借力：

沒有完美的個人，只有完美的團隊。小成功靠個人，大成功靠團隊。

請問你借力了嗎？

想到和得到，中間還有一個，做到！

今天你的現況，是自己過去的心態、思維和行動所造成的，如果你想要不一樣的未來，那就要做改變，每天堅持自我調整。

否則，什麼都沒變，未來也不會有什麼不同，甚至自己會更落伍。因為無法成功的，都是不願意改變，或改變速度太慢的人。

人生沒有舒服的進步，能力是靠刻意的訓練！

人不能只做習慣的事，而是做你該做的事！

調整的速度越快，成功的就越快！

學網路行銷和打乒乓球一樣，是在訓練一項技能，必須不斷大量的實際操作，才會成為自己的能力，才能變現產生收入。

網路行銷的優勢就是，一旦這個模式你操作熟練了，就可以放大量去做，大量過濾篩選，找到自己的精準客戶，當然就很容易成交了。

成功沒有奇蹟，只有持續累積。

想要成功，請累積你的努力和堅持。

熬得住就出眾，熬不住就出局。

成功的路上一點都不壅擠，因為堅持的人太少！

能堅持下來的，最後都成功了！

工具是死的，人是活的！

要善用工具，不要迷戀或依賴工具，更不要濫用工具！

真正能影響你成功的，不是工具；而是你的態度、思維和行動！

好好的問自己，想要什麼結果？自己的態度、思維、行動，都到位了嗎？相信我，當你達成目標的那天，一定會感謝今天努力堅持的自己！

成年人的世界，沒有難不難，只有要不要！

能不能成功，要看你的決心，夠不夠堅定！

除了你自己，沒有人能阻止你成功！

不要給自己找藉口，年紀大不是藉口，沒時間不是藉口，不會電腦不是藉口，3C 小白不是藉口，如果真心想要，就不要找藉口！

不需要跟別人比較，只和自己比賽。

每天都自我檢查，今天的自己有沒有比昨天進步。

不逼自己一把，你永遠不知道自己有多優秀。

每天進步一點，一段時間後，你會發現，原來自己也可以非常優秀！因為人的潛力是無限的，只要你每天不斷的勇敢前

進就行了。

坐而言，不如起而行！

學三年，不如做三天！

學習不是停看聽，關鍵是狠狠的去執行！

做網路行銷，如果只是停，看，聽，一直上課是學不會的，一定要不斷大量的實際操作！這樣，才會成為自己的能力，才能讓你在網路上，成功變現。

自 2005 年到現在，我從事網路行銷及輔導學員，現在又跟著全網贏銷學習和實作，在未來的歲月中，我將仍然保持初衷，把自己的知識能力，分享給需要的人，在邁向成功的路上，助你一臂之力。

以上是我的分享，希望對各位有所幫助，歡迎到本文首頁加我免費送：電子書製作密技

健康知識變財富
網路創業造新路

米姐 油水平衡養生導師

美容經絡師，保險公司總監

亞健康諮詢超過300位身體淨化、樂於傾聽和溝通

經營保養品三個月，月入百萬、年收入兩千萬連續三年

培養團隊超過50位月入百萬的領導者

座右銘：凡事隨緣、凡事有緣，凡事有心、凡事隨心

Line ID: amie131419

加我送你

"20分鐘養生諮詢"

平時不養生，老了養醫生

年輕時，我曾經是美容及經絡推拿老師，開過美容保養沙龍店，也在保險公司擔任過總監，做生意的經歷很豐富。此外，我在直銷業也做得很好，甚至曾被《傳銷世紀》採訪過。這些都是年輕時候的寶貴經歷和回憶。

也因為年輕時打拼過頭，一心追求財富，忽視了自己的健康，導致身體狀況變差，子宮肌瘤、卵巢囊腫、卵巢癌指數偏高、整個人陷入病痛的陰霾中。

各位朋友，你們認為健康和財富，哪一個比較重要呢？相信現在大部分在打拼的朋友，可能會覺得賺錢最重要。有人說，年輕時努力賺錢不養生，老了再花錢養醫生。這句話真的很有道理：「平時不養生，老了養醫生。」

今天，我想跟大家分享的是，如何在日常忙碌工作中，關注我們的身體健康狀況。我們是否真正關愛自己？當身體發出信號時，我們是否用心去感受？身體的反應，其實是在告訴我們它目前的狀況：五臟六腑是否健康，是否需要調理。如果你靜下心來，你的身體會告訴你一切。

正如有人說的，真正的醫生是我們自己的身體。我們去醫院看病，檢查報告只是參考，最準確的仍是我們自己的感受。只要你願意靜下心來感受，你就能了解目前的健康狀況，並知道如何進行調理。

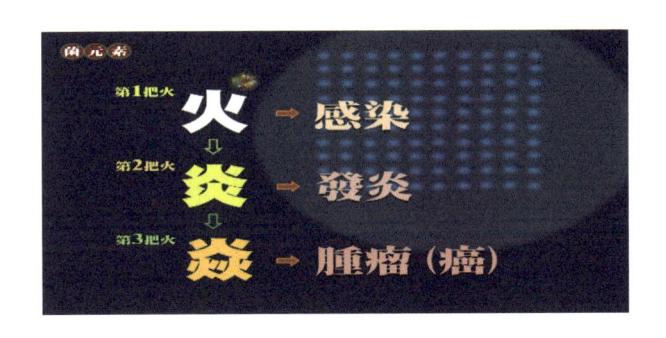

請問大家，如果你家失火了，你會怎麼辦？

當然是趕快拿滅火器或灑水滅火吧！那麼，當你的身體「著火」了呢？

身體會著火嗎？會的，你的身體會發炎、發燒！你有沒有靜下來，去反省和觀察你的身體狀況？它正試圖告訴你什麼？

我們都知道，當身體遇到外來的病毒或細菌時，會產生一些反應。比如說感冒的時候，我們會喉嚨痛、頭暈，甚至發燒。這些現象代表著身體正在進行急性的發炎反應。

當身體遭受外來病菌的侵襲，我們體內的自衛隊——吞噬細胞，會迅速抵達病灶，對抗這些病菌，就像兩軍交戰時，會有炮火、槍聲和火花一樣，發炎反應則伴隨著紅腫、熱痛的感覺。這種急性發炎反應通常比較強烈，所以你會很快感受到不適，比如發燒、流鼻涕等症狀。

許多人在這種情況下，第一時間就會想到去看醫生。然而，當自衛系統開始抑制病毒，症狀似乎減輕，但這並不意味著問題完全解決。如果這些病菌沒有被徹底代謝出去，病菌的殘留屍體可能會留在血管中，導致血管阻塞，進而影響血液的順暢流動。這種慢性的「隱藏發炎」可能更加危險。它讓我們的血管逐漸變得不通暢，進而影響全身的健康狀況。因此，除了處理急性的發炎外，我們更需要關注如何幫助身體代謝殘留的毒素，從根本上避免更大的健康問題。

人體的血管好比一條水溝

我們可以把人體的血管比喻成一條水溝。

如果水溝的牆壁上積滿了三年來累積的綠色毒素和髒東西，水流就會變得不順暢。當水流不順暢時，會帶來什麼樣影響呢？

想像一下，當水在流動的過程中，水裡面還會有雜質，這些雜質很容易附著在水溝壁上原本就黏著的毒素上。隨著時間的推移，這些雜質越積越多，毒素的累積也會越來越多，最終造成血管阻塞……

當血管阻塞時，血液中的營養無法順利輸送到身體各個部位。阻塞的情況會越來越嚴重，如果我們不仔細感受哪裡出了問題，並且及時進行調理和代謝，它就會像雪球一樣越滾越大，最終可能形成腫瘤。如果再不加以重視，腫瘤就會惡化，細胞突變變成癌症。現代社會中，為什麼癌症的發病率越來越高？這與我們的平均壽命越來越長有關。隨著年齡的增長，血管長期的阻塞更容易導致腫瘤和癌症的發生。因此，年紀越大，罹患癌症的機率就越高。也正是因為這樣，癌症的發病率和數量正在不斷上升。這提醒我們，平時要時刻關注自己的身體狀況，及早進行調理和預防，避免血管阻塞和毒素累積的問題，以維持健康，遠離疾病。

癌症不是一夜之間就發生的疾病

癌症並不是一夜之間就發生的疾病。根據醫學研究，當一個地方檢測出癌症時，血管的阻塞往往已經持續了 12 到 15 年之久。這意味著，身體內的阻塞長期沒有得到有效的代謝和清理，最終導致壞脂肪堆積，進而引發病變。

我們可以用"三把火"來提醒自己，第一把火是當外來病菌或病毒進入體內，引發急性發炎反應時，我們必須重視並及時處理。例如，當感冒來臨時，醫生通常會建議多喝溫水，因為水是幫助清理血管的重要物質，特別是喝對的水、好水、有功能的水。這樣可以幫助我們更快地恢復健康。然而，許多人在面對急性發炎時，往往沒有充分重視，選擇拖延處理。即使身體的自衛系統，如吞噬細胞，成功暫時控制住了急性發炎，但這些病毒和病菌的殘餘可能會轉為慢性發炎，逐漸在血管中造成阻塞，隨著時間推移，進而引發更嚴重的問題，甚至演變成病變。

因此，我們需要對急性發炎的症狀保持警覺，並在第一時間謹慎處理，防止病情惡化成慢性發炎，避免日積月累的問題累積到無法挽回的地步。只有這樣，我們才能從源頭上預防更嚴重的健康問題發生，維持身體的長期健康。

如果你感到肩頸部位僵硬或有酸痛感。

這可能是筋膜發炎的徵兆。筋膜發炎會導致血流不暢，進而影響整體健康。如果長期忽視這些早期症狀，可能會導致更嚴重的健康問題，例如血管阻塞、毒素累積，最終甚至可能演變為腫瘤或癌症。因此，當出現僵硬或酸痛感時，應及時進行舒緩處理，以防止問題惡化。

避免攝取含糖食物對降低發炎狀況至關重要。

在台灣，對甜食的喜愛十分普遍，但過量的糖分攝取對身體造成的損害不容忽視。糖分能促進體內的發炎反應，增加健康風險。尤其是台南等地的甜食文化，雖然美味，但過多的糖分對健康有很大的負擔。控制糖分攝取，選擇更健康的飲食習慣，可以有效減少發炎風險，維持身體的健康平衡。

筋膜舒緩與保健

為了保持筋膜的健康，需要進行定期的舒緩和放鬆。可以通過以下方法來改善筋膜緊繃狀態：

1. 伸展運動：進行全身的伸展運動有助於緩解筋膜的緊繃，促進血液循環。

2. 泡澡和熱敷：熱敷和泡澡能夠放鬆緊繃的筋膜，促進血流。

3. 按摩：專業的按摩可以幫助舒緩肌肉緊張，改善筋膜的彈性。

4. 正確姿勢：注意保持正確的坐姿和站姿，以減少對筋膜的壓力。

飲食與健康

飲食對於發炎和筋膜健康有重要影響。特別是糖分攝取過量會促進體內的發炎反應。台灣地區尤其喜愛甜食，但過多的糖分會增加身體的發炎風險，加重健康負擔。建議儘量減少含糖食物的攝取，選擇更健康的飲食，以減少發炎反應並維持筋膜和整體健康的平衡。

結論

總結來說，關注身體的發炎狀況、筋膜的健康和飲食習慣是維持健康的關鍵。通過適當的舒緩措施、健康飲食和良好的生活習慣，可以有效降低發炎風險，改善筋膜健康，並維持整體的身體平衡。

避免加工食品、紅肉和適度飲酒

避免加工食品和紅肉

加工食品和紅肉對健康的影響不容忽視。加工食品通常含有大量的添加劑、防腐劑和糖分，這些成分會增加體內的毒素負擔，促進發炎反應。油炸食品尤其有害，它們不僅富含飽和脂肪和反式脂肪，還會在加工過程中產生有害物質，對身體造成多方面的損害。

紅肉，如牛肉、羊肉和豬肉，則含有較高的飽和脂肪和膽固醇，長期過量食用可能增加心血管疾病的風險。此外，加工肉品，如香腸、火腿和培根，通常含有大量的鈉和防腐劑，這些成分會增加慢性病的風險。

適度飲酒

對於酒精的攝取，觀點因人而異。酒精對肝臟有一定的傷害，過量飲酒會導致肝臟疾病和其他健康問題。然而，偶爾適量飲用紅酒，特別是紅酒中的多酚成分，對血管健康有一定的益處。紅酒屬於鹼性物質，相較於其他酒精飲品，它對身體的負擔較小。因此，適量飲用紅酒可能是健康的選擇，但應根據自身情況做出明智的選擇，避免過量。

糖分攝取的影響

糖分，尤其是高糖的食物和飲料，如珍珠奶茶，是現代飲食中最需要注意的問題之一。高糖飲食會促進體內的發炎反應，影響血糖穩定，增加罹患糖尿病和心血管疾病的風險。台灣的珍珠奶茶等飲品，含有大量的糖分和添加劑，應盡量減少攝取，以維持身體的健康。

素食與加工品

素食被認為是健康的飲食選擇，但應注意避免過多的加工素食產品。市場上很多素食產品，例如素雞、素鴨等，其實是以加工原料製成的，可能含有大量的添加劑和加工成分，對健康造成不利影響。一些統計數據顯示，吃素和吃葷的人罹患癌症的比例相似，原因在於素食中的加工品可能造成的健康風險。因此，選擇健康的素食應以天然、新鮮的食材為主，減少加工食品的攝取。

結論

總結來說，健康飲食應該避免過多的加工食品、紅肉和高糖食物。適度飲酒可以是健康的一部分，但需選擇適量和合適的酒類。對於素食者，選擇天然食材而非加工品，是維持健康的關鍵。透過這些飲食策略，我們可以有效地減少身體的發炎風險，改善整體健康。

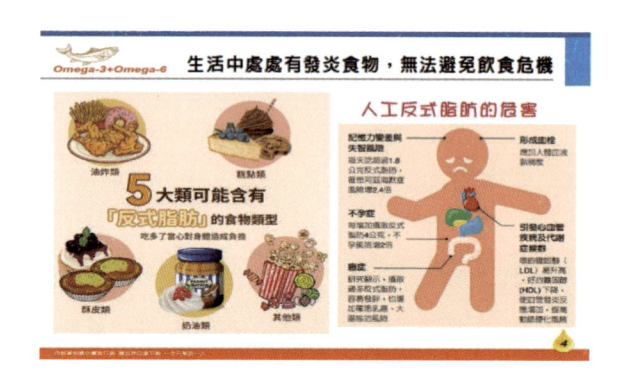

以天然食材改善健康

在現代健康觀念中，食療逐漸受到重視，這是因為許多中醫專家認為，西藥雖然有效，但畢竟是合成物，可能對身體有一定的副作用。相對而言，天然食材中的營養素能夠更好地支持身體健康和免疫系統，提供自然的保健效果。

1. 重要的食材與營養素

－ 植物多酚：這些天然化合物存在於各種植物中，具有抗氧化作用，有助於減少體內的發炎。綠色蔬菜如菠菜、花椰菜、高麗菜等都富含植物多酚，有助於降低發炎反應。

－ Omega-3 脂肪酸：這類不飽和脂肪酸在心血管健康中扮演重要角色。Omega-3 主要來自於魚油，但植物來源如藻油、亞麻籽油、核桃也富含這些有益脂肪酸，其中藻油的 Omega-3 脂肪酸內含 EPA、DHA 的含量最高，有助於改善心血管健康。

－ 豆類：對於素食者而言，豆類是重要的蛋白質來源。黑豆、黃豆、紅豆等豆類含有豐富的蛋白質和益生元（菌元素），有助於腸道健康，促進益生菌的生長和繁殖。

2. 食物選擇的重要性

－ 脂肪：脂肪是身體微血管的主要組成部分，約 70% 由脂肪構成。這些微血管如果拉直，可以繞地球 2 圈半。選擇優質的脂肪來源，如魚油、橄欖油、亞麻籽油等，有助於血管健康，維持微血管的正常功能，因魚油屬於動物性脂肪，其中的 Omega-3 脂肪酸含量比植物油更高且更易讓人體吸收。

- 蛋白質：雞蛋、肉類以及豆類都是優質蛋白質的來源，對於維持身體的基本功能和修復組織非常重要。對於素食者來說，豆類和某些蔬菜中的植物性蛋白質也能有效提供必需的營養。

- 糖類：糖類是主要的能量來源，能夠快速提供身體所需的能量。然而，應選擇天然的糖類來源如水果，而非加工的含糖食品，以避免引發血糖波動和其他健康問題。

3. 選擇健康油脂

過去，油脂主要用於烹調和油炸，然而，近年來的研究顯示，選擇健康油脂對於維持血管和心血管健康至關重要。身體的微血管由 70% 脂肪構成，選擇適當的油脂能夠幫助保持血管的彈性和健康。健康的油脂來源包括魚油、藻油、橄欖油、亞麻籽油和核桃油等。

總結來說，食療通過合理選擇和搭配天然食材，可以有效地提升身體的免疫力和健康平衡。避免加工食品，重視天然食材的營養價值，選擇健康的脂肪來源，是促進長期健康的重要策略。

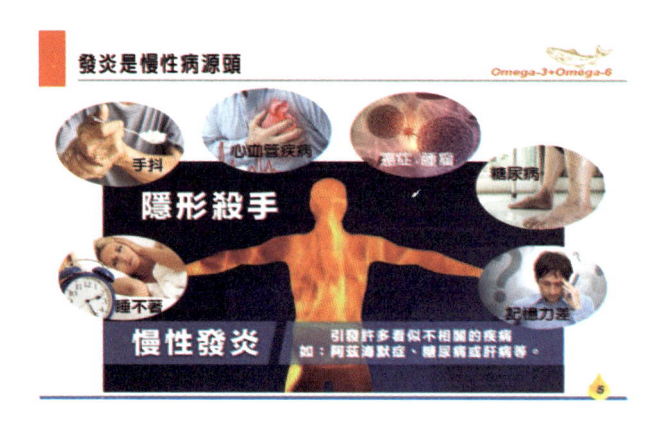

慢性發炎的徵兆與應對策略

慢性發炎是一種持續且低度的炎症狀態，長期存在可能會導致多種健康問題。了解其徵兆能夠及時採取措施，防止健康惡化。以下是一些常見的慢性發炎症狀以及應對方法：

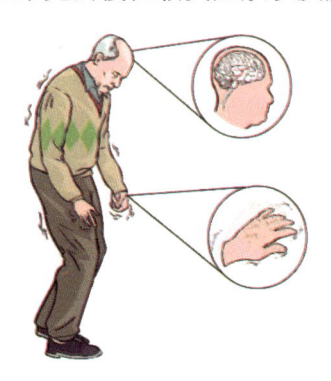

1. 常見徵兆

- 持續疲勞：如果你發現自己經常感到疲倦或無精打采，即使經過充足的休息也無法恢復，這可能是慢性發炎的徵兆。這種疲勞感會影響到日常生活和工作效率。

- 消化系統問題：頻繁的腹瀉或便秘通常表明腸道健康出現問題。腹瀉可能與腸道內有害菌過多有關，而便秘可能是因為飲水量不足或纖維攝取不足。

- 皮膚與呼吸道過敏：過敏反應，如皮膚紅疹、癢感或呼吸道不適，可能是因為免疫系統受到慢性發炎的影響。這些過敏症狀表明身體的免疫系統可能在過度反應。

2. 應對策略

- 保持良好的生活習慣：確保每天有足夠的睡眠，適度的運動，並且保持積極的心理狀態。這些有助於提高身體的免疫力，減少慢性發炎的影響。

- 飲食調整：避免高糖、高脂肪和加工食品，選擇富含抗氧化劑和植物多酚的食物，如綠色蔬菜、水果和全穀類。這些食物有助於減少體內的發炎反應。

水喝不夠當心關節痛，腦中風，變笨

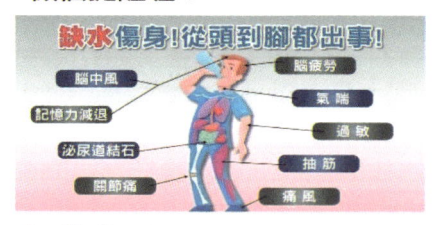

- 增加水分攝取：充足的水分有助於保持腸道健康，改善便秘。建議每天飲用足夠的水，以促進身體的正常代謝。

- 關注消化健康：如有腸道問題，考慮增加菌元素（益生菌）的攝取，這有助於平衡腸道菌群，促進健康的消化系統。

- 定期檢查：若出現持續的健康問題，應及時尋求專業醫療意見。及早檢查和治療可以預防慢性發炎進一步惡化。

慢性發炎如果不加以重視，可能會逐步演變成更嚴重的健康問題，如腫瘤或癌症。因此，保持警覺，及時採取健康措施，對於維護長期健康至關重要。

選擇正確的油，對於身體的重要性

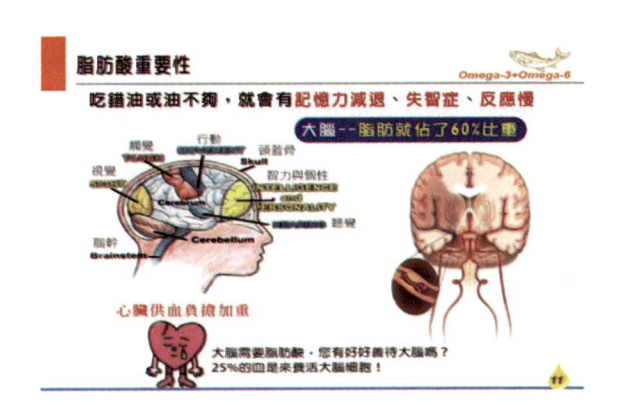

許多人在飲食中對脂肪的認識存在誤區，常常忽略了脂肪對健康的關鍵作用。傳統上，油主要用於炒菜、煮食或油炸，但近年來，對油脂的健康影響有了更多的科學報導。你知道嗎？我們身體內的微血管若拉直，可繞地球 2000 圈，且血管的構成中，有 70% 是由脂肪組成的。因此，選擇適當的油脂對於血管健康至關重要。

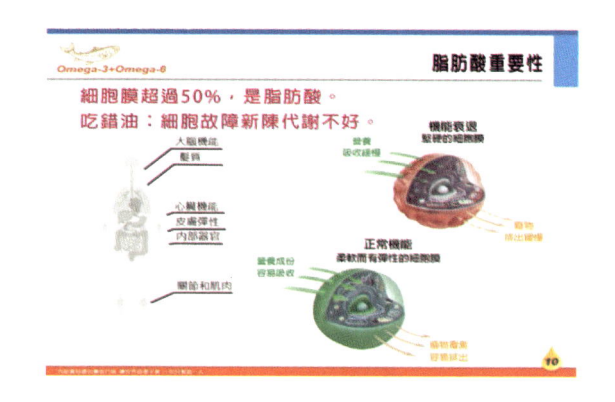

1. 好油的重要性

脂肪是我們身體的重要構建材料，尤其是微血管的主要成分。正確的油脂可以促進心血管健康，降低炎症，並支持整體生理功能。然而，選擇適合的油脂至關重要，因為不是所有油脂都對健康有益。

2. 健康油脂的選擇

－ 植物性油脂：市面上常見的植物性油脂如亞麻籽油、印加果油和苦茶油，以及最普遍的橄欖油，這些都是良好的選擇。它們主要含有單元不飽和脂肪酸，有助於降低壞膽固醇，維護心血管健康。

－ 魚油：魚油富含多元不飽和脂肪酸，特別是 Omega-3 脂肪酸，其含量較植物油更高。Omega-3 對心血管健康、抗炎和大腦功能有著顯著的益處。由於魚油的脂肪酸與人體結構更為匹配，因此其吸收率和效果通常優於植物油。

3. 選擇適合的油脂

選擇何種油脂應根據個人的健康狀況和需求來決定。脂肪酸可分為飽和脂肪酸和不飽和脂肪酸，其中不飽和脂肪酸又分為單元不飽和脂肪酸和多元不飽和脂肪酸。每種脂肪酸有其獨特的健康益處，了解這些差異有助於選擇最適合自己的油脂。

如果你對選擇和使用健康油脂有進一步的興趣或需求，建議與專業人士進行詳細的分析，以確定最適合你的油脂種類。保持脂肪的健康攝取，不僅可以促進血管健康，還能提高整體的生活質量。

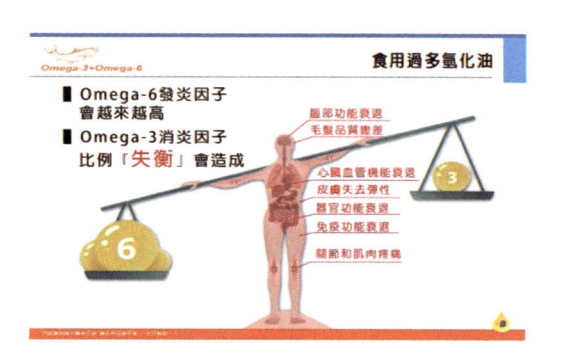

Omega 脂肪酸的健康影響：選擇正確的油脂

在飲食中，Omega 脂肪酸扮演著至關重要的角色，尤其是 Omega-3 和 Omega-6 脂肪酸。了解這些脂肪酸的特性以及如何選擇合適的油脂對於維持健康至關重要。

1. Omega 脂肪酸的作用

- Omega-3：這是一種必需脂肪酸，我們的身體無法自行合成，必須通過飲食補充。Omega-3 主要存在於魚油、亞麻籽油等食材中。它對心血管健康和腦部功能有顯著的益處，尤其是 EPA（eicosapentaenoic acid）和 DHA（docosahexaenoic acid）。EPA 有助於血管的健康，促進血管舒通，而 DHA 則對大腦細胞發展至關重要。

- Omega-6：另一種必需脂肪酸，同樣無法由人體自行合成，需要從食物中攝取。它主要存在於植物油如花生油、大豆油、菜籽油和玉米油中。雖然 Omega-6 對健康有益，但過量攝取可能會引發發炎反應。

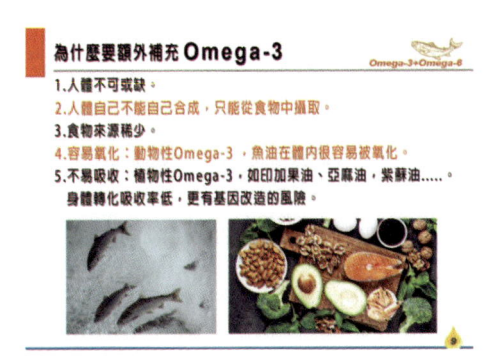

2. 選擇健康的油脂

- Omega-3 豐富的油脂：如魚油和亞麻籽油，這些油脂富含 Omega-3，有助於降低心血管疾病風險，促進腦部健康。特別是魚油中的 EPA 和 DHA，對心血管系統和大腦功能有著明顯的改善作用。

- Omega-6 含量高的油脂：如花生油、大豆油、菜籽油和玉米油，這些植物油富含 Omega-6 脂肪酸，對維持健康有一定幫助，但需注意攝取量，以避免過多引發發炎問題。

3. 避免不健康的油脂

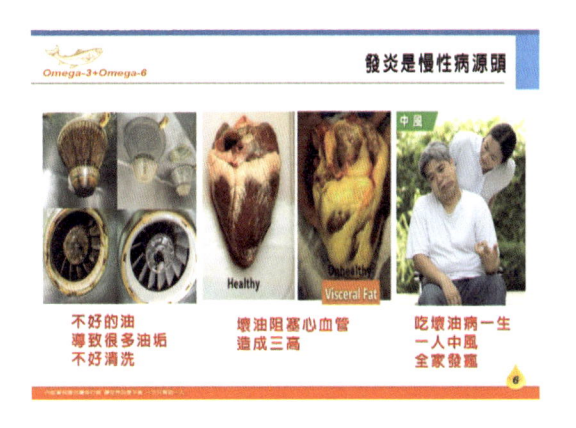

- 沙拉油：常見的沙拉油在生產過程中經過氫化處理，這使得它在高溫烹調下容易產生反式脂肪。反式脂肪會增加血管阻塞的風險，對健康造成威脅。因此，應盡量避免使用這種油脂，尤其是在高溫烹調時。

總結來說，選擇富含 Omega-3 的健康油脂，並限制 Omega-6 的過量攝取，對於維持心血管健康和減少發炎風險至關重要。了解這些脂肪酸的作用，有助於做出更健康的飲食選擇，保持身體的最佳狀態。如果有進一步需求，建議尋求專業人士的建議來制定適合自己的飲食計劃。

如果你想深入了解如何通過油水平衡來養生，我可以提供專業的建議和指導。歡迎本章節首頁聯繫我，一起探索健康生活的正確方式。

歡迎到本文首頁加我，送"養生諮詢服務"。

踏上新航道
從直銷到網路行銷的蛻變旅程

Kaila 滔滔人生成就教練

20年直銷業專業經理人

組織培訓授課超過千場

萬人年會活動策劃執行

網路行銷半年變現48萬

全網贏銷O2O活動總監暨專案教練

line id : 0977366586

加我免費領取

滔滔讀書會-PDP性格測評分析

初踏航程：進入直銷行業的契機

回顧我的職業生涯，一段段美好回憶都成為滔滔人生最美的風景。1996 年，我還是一個初出茅廬的社會新鮮人，從飯店業離職後，想找一份更有挑戰的工作。猶記得當時的求職方向是－1. 必須在台灣大道上（當年叫中港路） 2. 必須是美商 3. 必須是跟"趨勢"有關係。如今看來雖是那麼"人小志氣高"，但當年的我就是單純的相信，我一定會找到一個充滿希望跟鬥志的工作。感謝老天爺聽到我的心願，許了我一個大禮物，我在一次應徵的機會，獲得了完全符合我設定條件的工作，我進入了當年剛進台灣市場的全球前十大美商直銷公司，開啟了我的直銷人生，也跟著見證台灣的直銷產業的蓬勃發展。

很慶幸我在年輕的時候，就跟對老闆。一位引導我在直銷業紮下穩定基礎的主管－姜惠琳女士，我的啟蒙老師。她曾說：『我們身為直銷業的從業人員，服務的是在外面辛苦征戰的經銷商。我們要用最大的彈性，來面對每一個要求；用最有同理心的態度，去處理每一個問題。在這個行業，個人成長的速度絕對是一般行業的至少10倍。因為我們每天都在解決問題，幫助經銷商成功是我們毫無遲疑的職志。無論組織團隊的大事小事，都是我們的事。』

在進入直銷業的前二年，我從一個對直銷行業完全陌生的小菜鳥，很快成為客戶指定服務的專業管家。在這份看似簡單但卻是每天充滿挑戰的道路上，我每天都活力滿滿，懷著滿腔熱情和堅定的信念，為我服務的團隊盡心戮力。

直銷的冒險：成長與突破

隨著直銷在台灣市場上漸漸成為一個被大家看見而且願意嘗試的熱門行業，我也發現自己需要快速學習和適應這個行業的運作模式，幸好當年我出身一個擁有"直銷黃埔軍校"美譽的公司，我得到最正統的思想教育與直面客戶的業務訓練，這些經驗都成為我的重要養份。

我的業務工作除了跟直銷商的組織發展有密切關聯，每天的日常也是充滿濃濃人情味。舉凡團隊內的大小活動，從平常的各種家庭聚會到中秋節烤肉趴、聖誕趴，我總是受到如家人般熱情對待，這點也是我對直銷業工作念念不忘的美好記憶。

我相信，很多人對於加入直銷事業有很大的期待，希望在其中找到一份歸屬感，希望團隊夥伴就像家人般的互相關懷。這種合作關係，不只是為了金錢利益，更多的是的一種小型社會的互助模式。因此，在直銷事業發展的過程中，人與人之間的情感交流及團隊運作的默契培養，箇中滋味都是一般職場不容易看到的情景。

身為直銷專業經理人，我對每個團隊的掌握度也是必須拿捏得宜。從新人的啟蒙，到上下線之間的矛盾排解，我須穿梭扮演輔導老師的角色。有個案例： 有團隊內部發生了新人與老夥伴的紛爭，因為對旅遊競賽的推薦資格認定，上下線發生了磨擦，雙方又因為有人傳話造成誤解，裂痕就快引爆成退會危機。這時候，就是我這個"官方代表"出手的時候。當時我邀請在這件案子中有利害關係的人，到公司來喝茶聊聊，因為立場不同，說法各自表述，所以有些上下線之間不好明說的話，就由我來幫忙梳理，把雙方在乎的關鍵點攤開來講，將負面情緒跟言語做清理，找出彼此都能接受的結果，才能做到"同盟"，一起去想出對策、解決問題。調解過程中，我順利讓彼此把心結打開，更要把團隊的心再度拉在一起，要有共同的願景才能齊心努力。這就是在直銷裡面常講的："先處理心情，再處理事情；最後透過事件，發揮同理，建立感情。" 直銷做的是人情義理，事業靠的是團隊氣勢。每一次溝通，就是增加一次的"共情"。

領導的磨礪：塑造領導力

在直銷行業中，成功並不僅取決於個人的銷售能力，更多的是對團隊的領導和激勵。由於我服務的對象大多是直銷高階領導人，我跟他們是一種合作型的團隊關係。我注重溝通，瞭解他們的需求和挑戰。我的課程能夠激勵團隊成員，如何設定明確的目標和期望，處理衝突和挑戰，及在面對困難時保持冷靜，並找到解決問題的方法。

時代在進步，直銷的發展也在迭代更新。直銷是一門專業，是一個可以安身立命又可以助人利他的事業。如果你進入這個行業，就會發現：原來要學的功課太多了！無論是產品、制度，更多的是經營管理、人際溝通、團隊領導，還有各種美容、營養保健觀念等等知識。期待有一天，直銷從業人員在台灣可以被人們肯定為一個需要高度專業的行業，讓社會上更多人認同、贏得大眾的尊敬。

疫情之下的衝擊

回顧我在直銷行業的過往，我深刻感受到，直銷不僅是一個需要專業的行業，更是一個讓每一個從業人員學會領導、管理和創新的平台。

然而，一場突如其來的新冠疫情，打亂了整個直銷行業發展的步調，也影響很多公司與經銷商的經營方式。原本習以為常的線下活動，在一夕之間被迫暫停，原本以為網路再厲害，也無法取代人與人的互動。所有的既有想法跟做法，都不再能應付當時的變化。很明顯的結果是：不會做線上直播的團隊，馬上陷入停擺；沒有網路行銷通路的公司，立刻面臨生意一落千丈。因為團隊無法見面，面對面溝通成了最大的障礙。

還記得在疫情剛爆發的時候，我在公司跟領導人在討論年會的安排，原本的大型計畫，因為後來的防疫政策一再延期，甚至最後被迫取消。老闆發現問題比想像中的嚴重，因為公司所有的經銷商團隊，沒有一組人馬會操作線上會議，包含身為高層主管的我在內。這件事給我非常大的挫折與警訊，當時的我陷入長考，面臨這樣的困境，我應該如何帶領夥伴前進？眼前業績不能掉，人卻一直少，我知道，再不轉型沒有退路！

但另一方面，在我的內心卻有一股莫名抗拒的力量悄然生起。其實我非常排斥做線上直播，要我面對攝影機或手機講話，簡直讓我緊張到語無倫次，於是我開始找藉口逃避，告訴老闆我不認同做直播有幫助，公司做這些事情是沒有效益的。當然，可想知之，我最後被現實打敗，我也因為拒絕做直播課程，黯然離開了公司。這段辛酸的過程，後來想想，竟是我後來轉入網路行銷學習的重要關鍵。原來愈害怕的事情，愈需要你勇敢去面對、去解決，否則你將付出此生難以想像的代價。

浴火重生：全網贏銷帶來的成長與蛻變

話說當年離開了原本熟悉的產業，立刻奔赴到另一個新的領域－再生醫療產業。原本以為可以不必再做直播，殊不知，後來的工作包含了臉書粉專的管理，還要做代理商培訓，而且是每週都要安排線上專訪醫師院長或是研發團隊的博士們。這些工作再次成為我的魔咒，但這次我決定要打敗它！因此，我開始研究如何讓自己喜歡做直播，如何透過網路把課程完整傳授，如何在網路上發揮不輸線下的演說功力，這段經歷也是後來驅使我走上網路行銷的另一個契機。

在 2023 年 3 月，我收到一位朋友的 Line 訊息，是一則線上共讀班的報名連結。我因為好奇點了進去，從此點開了我跟全網贏銷 Caro 老師的緣分。因為全網贏銷 7+7 共讀班，我被老師上課講授的內容完全收服，感謝 Caro 老師打開了我對網路行銷的新思維，也讓我知道原來網路行銷有千變萬化的方式，經營社群有一套有效的規則可循，甚至還有一個終身不敗的絕活－發售。

因為共讀期間每天要拍影片、交作業，我毫無懸念每天認真自拍且上傳群組，每堂課程結束，我都是第一個上傳心得的學員，每天很認真抄寫老師的網路行銷 100 招。這種沉浸式的學習氛圍，我發現我在這個新天地裡找到了新的成就感，打造了全新的自己，後來我找到了"人際贏銷"作為我的 IP 定位，希望能陪伴夥伴擁有好的人際關係，除了把本業的能力發揮出來，還能透過人脈經營，為本業創造更大的成長空間。

我從一名普通的學員，因為夠認真、夠負責，很快有幸成為共讀班的戰隊長，帶領上百位學員一起共讀學習，在全網贏銷的每次推薦競賽中，我也總是全力以赴達成前三名的目標。後來得到老師的青睞，成為了全網贏銷的專案教練，在 2024 年，在 Caro 老師的鼓勵下，我正式成立了自己的品牌 -【滔滔會】，開啟了以人脈聚會來做知識變現的創新事業。透過一次一次的發售，我成功變現！ 如今我擁有堅實的團隊、一群忠誠可愛的粉絲們，還有源源不絕的人脈資源。透過滔滔會這個線上平台，我協助夥伴們站上舞台，開辦自己的講座，成為夢寐以求的講師。滔滔會在半年內就舉辦了超過 30 場線上講座、三場線下交流活動，尤其【滔滔讀書會】受到廣大學員們的喜愛，這些都是有目共睹的變現成績。透過滔滔會，我們真實在網路上成就彼此，互相提攜成為最好的事業夥伴。

滔滔會的誕生

常有人好奇問我：為什麼想要成立滔滔會？滔滔會是什麼？我總認真回答：滔滔會的成立宗旨是：『利他亦利己，合作共成長，創新與學習，傳遞正能量。』滔滔會是我的夢想，也是我想要回饋社會的方式。滔滔會就是一個人脈商業交流、結合線上學習的創新品牌。身為滔滔會創辦人，我的責任就是把人放對位置，讓每個人找到發揮的舞台，在滔滔會這個平台勇敢秀自己、讓人看見你，透過滔滔會這個平台，來分享理念、夢想、跟專業。

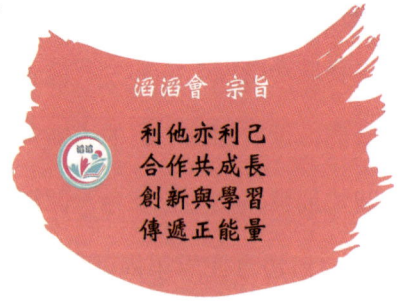

滔滔會：跨業經營人脈的理想平台

滔滔會是一個來自各行各業的專業人士聚集的網路社群，會員們的共同目標是通過這個平台來擴展線上人脈網路。無論你來自哪個行業，滔滔會致力提供一個廣闊的交流平台，讓成員藉由在群組的互動與來自不同背景的人士做知識與經驗的交流，再透過正式的商務交流會 做更進一步的交談 方能做到交換資源，尋找彼此合作的機會。

在滔滔會，會員們會分享各自的經驗，討論行業趨勢，並互相提供建議。這種多樣性不僅讓你能夠接觸到不同領域的知識和資源，還能幫助你在網路上建立強大的人脈網絡，為你的事業發展提供更多的機會和支持。

總之，人脈對於個人成長和事業成功至關重要，而透過網路社群經營人脈已經成為現代社會中不可或缺的一部分。滔滔會這樣的平台，能幫助你在網路時代更好地經營和拓展你的人脈圈，為你的未來打下堅實的基礎。

滔滔會目前以 line 群組經營為主軸，來到滔滔會的每一個人，都能感受到滿滿的正能量，與如同家人般的真誠關懷。滔滔會的課程除了網路行銷的多樣化課程，還有更多與人際溝通有關的成長講座。其中最為人津津樂道的，還有線下的商務交流活動，有許多夥伴都是北中南趕場，為的就是要跟著滔滔會跑全台灣　你相信這是來自網路上的群組交流、日積月累的革命情感嗎？滔滔會做到了！

雖然滔滔會成立不到一年，除了已經有多位講師公開授課取得好口碑，更有實際促成項目合作及商務引薦的成功案例。分享最近的案例：我們有位經營寵物用品的會員，正在苦惱如何轉型做網路行銷，招攬更多精準客戶。這時候，經過一場線下的滔滔商務交流會，邀請滔滔會的夥伴直接到現場參訪，激發出許多富有創意的行銷企劃案，進而有夥伴引薦其信賴的短影音專業團隊，來協助店家進行開拍，製作出多支有趣又專業的短影片，開始在 FB、IG、Tiktok 等社群媒體做曝光，後來又搭配網紅宣傳，網路流量快速增加。

如何透過網路社群經營線上人脈？

最後來跟大家分享如何在網路社群中有效經營你的人脈：

1. 選擇適合的平台

先找到適合你的網路社群平台。例如常見的Line，Facebook、IG Tiktok，重點在於廣泛互動。請選擇你最能發揮影響力的平台，開始建立你的信任坡度。

2. 建立個人品牌

在網路社群中，個人定位很重要。每天分享有價值的內容，展示你的專業知識和經驗，這樣才能吸引他人的注意。滔滔會非常鼓勵夥伴勇於露出，在群組內提供價值，拍攝短影音也是很好讓人建立印象的好方法，常常讓人看到你，久而久之就會對你有印象，知道你的專長或工作領域，努力讓自己成為別人願意聯繫和合作的對象。

3. 積極參與社群活動

當然多數人還是習慣潛水，滔滔會就常配合課程推出時，設計各種話題或問卷，來讓群組成員參與社群中的討論。發起有趣的話題，參與討論，給出建設性的意見，這些都是讓群組熱鬧的好方式。

4. 建立深度關係

人脈的質量往往比數量更重要。不要只追求認識更多人，還應該注重與核心成員建立深度關係。這些深度關係往往能夠在關鍵時刻為你提供更多支持。滔滔會目前有提供官網，讓會員有曝光廣告的版面，這些都是為了協助會員有更多拓展生意的機會。

感恩與祝福

經過這段非凡的旅程，我深深感受到人生的每一步都充滿了意義。從一開始的迷茫，到在全網贏銷中找到了屬於自己的新天地，我感恩命運的安排，更感謝一路上支持我的家人、朋友，以及所有曾經幫助過我的人。全網贏銷不僅讓我拓展了新的視野，更教會了我如何擁抱變化、勇敢前行。在這個充滿挑戰和機遇的世界裡，我衷心祝福所有與我一樣正在尋找自我、追求夢想的人們，希望你們也能在自己的道路上找到屬於自己的光芒。願我們都能心懷感恩，勇敢前行，在未來的每一天繼續創造屬於自己的精彩故事。

如果你正在尋找斜槓人生的路上，或是你想要加入滔滔會的大家庭，歡迎加我好友，輸入"云創業168"，送你一堂免費的【滔滔讀書會-PDP性格測評分析】，Kaila帶你遇見更好的自己~

歡迎到本文首頁加我，送滔滔讀書會-PDP性格測評分析。

結合傳統與現代：從食品業到多媒體專家的跨界故事

廣福 影音攝記剪輯師

我是影音攝記剪輯師，主要拍照、錄影、影片編輯、剪輯。

line id : ckwonwon
加我好友送『如何製作動態Line頭像，吸引人們目光與注意』的操作影片我是廣福，希望認識我的人都能擁有廣大的福氣。我是影音攝記剪輯師，當然我也是"攝記師"，顧名思義就是有關於影片、攝影、有靜有動的畫面，透過自己想呈現的感覺，利用剪輯將它們設計呈現出來。

在此之前我是做甚麼的呢？

少年時期的電腦啟蒙

我家是做食品業，主要是生產製造及代工調味品醬料像是醬油、醋、烤肉醬、麻油…從爺爺的時候就已經開始經營，歷史也有將近 70 年。

從我 10 歲時，其實就對電腦很感興趣，其實說白了小時候也就是想打電動玩遊戲。所以用了自己一部分壓歲錢，家裡幫忙買了台 16 位元 386 的電腦（當時電腦的機型名稱），外接著單色 14 吋的 CRT 顯示器（笨重而且占空間目前都已經淘汰由 LCD 螢幕取代），裡面安裝著一台 5.25 吋磁碟機，並安排上課學習如何操作電腦，鍵盤如何使用，按鍵有甚麼功能，並開時學習培基語言（BASIC 是初學者開始學習的一種程式語言），起初剛學，因為年紀小，對英文也不是很懂，所以上課學的不是很好，時常被老師罵，主要還是靠自己在家看著書本上的範例一一操作才慢慢懂、才慢慢理解。

也另外參加過暑假電腦班才越來越熟，還記得讀國小時，周末一到我就跑到電腦中心裡面，當時大都是學校高職或是商工的學生在學。像我這樣年紀在當時學習電腦程式語言的小孩是非常少的，因為我個子不高，年紀又很小，又時常出現在電腦中心，所以我很容易受到大家的關注，而我的程式語言也寫的不錯，並與裡面的一位講師成了師徒關係，他教我電腦我教他打任天堂。所以講師有時上課，我也當起助教在旁幫忙，也幫學生解決程式上的問題。

小時候我還有個興趣是買電子套件回家做勞作。因為國小就讀西門國小離中華商場近，有時上半天課下課後我就會自己走到中華商場逛逛，看看有甚麼吸引我的套件或是遊戲的磁碟片可以購買回去。因為小時候的興趣與啟發而讓我在國外南非留學是讀電子工程偏向於晶片設計及電腦程式設計與網路相關。

初探網絡世界製作自己的網頁

在大學時期其實就已經開始有接觸到網站、聊天室。那時就開始使用免費的資源製作屬於自己的網頁（當時用的是 geocities）。當時的網站其實就只是好玩性質，一個代表自己展現自己的網頁。其實都還不知道能用來幹嘛。之後就慢慢開始出現關鍵字及 SEO、開始搶網址、搶關鍵字廣告。以前剛開始也只是有拍賣，將自己二手不需要的東西或是新品在網路上做交易。當時最有名的廣告應該還是雅虎的拍賣網站，什麼都賣，什麼都不奇怪。因為興趣及所學，所以在公司我則是負責網路管理這一塊。

搶占先機網絡時代的關鍵字策略

畢竟是傳統行業，很多事都要自己動手來做。重點是要搶先，當時覺得網路應該會是以後的趨勢，所以公司的網域一下就搶了八個與調味品有關的關鍵英文字，網站也按照關鍵字及一些相關的方式加入到網頁裡面。

基本上我們的網站在入口網站裡面搜尋都是排名在首頁。

我們遷廠到了樹林後，因為當時的樹林酒廠要搬遷，而樹林因為酒廠生產的紅露酒最為有名，而讓樹林成為了紅麴的故鄉。但因酒廠的搬遷而使得紅麴產業光環有可能消失，當時的市長則找在地業者共同發展紅麴產業。我家本來就以釀造發酵為基礎製作醬油、醋…等調味品，當然紅麴也是屬於釀造發酵後的產品。所以我們也開始製造紅麴產品。

媒體曝光紅麴產品的廣泛報導

我們的紅麴在原料上，特地去篩選我們覺得比較好的花蓮有機米，因為用的是有機米所以我們想，既然米用哪麼好的，所以在水的部分我們也特地到三峽佛山上去取山泉水來製作。也是因為紅麴這個寶貴的養生健康食品，在台北縣政府所拍攝的「就是愛北縣」的節目中。內容介紹位於當時的樹林鎮的樹林酒廠，目前已搬至林口去。從早期的樹林酒廠製做紅露酒發展至今的介紹。因早年紅露酒產量很大也很有名，而紅露酒是由紅麴所製作而成的，因此樹林市以紅麴為一鄉一特色在做推廣與發展，而讓紅麴成為樹林名產。

透過三立電視台在製作「用心看樹林」、「用心看台灣」等節目後又有「草地狀元」特地來採訪報導，再加上網路網站的關係，很多人及節目製作單位透過網站及樹林市公所找到我們，陸陸續續非凡新聞、非凡大探索節目、JET 日本台瀨上剛 in 台灣、華視、中視、超視、全球佛光新聞、中視筆記台灣、大愛電視台的草根菩提…也特地來找我們做紅麴相關的採訪介紹。在那段期間相信大家應該都有買過或是吃過紅麴餅乾吧？

修圖技藝：去背與美編能力的累積

紅麴相關養生產品可能就是在那一波狂熱中銷售超好。所以我們也研發了一些紅麴產品出來上架在一般電商通路。為了將產品能拍得好看，原本只是用一般的數位相機拍照，後來我就特地買了台單眼相機來做拍攝。之後拍呀拍的，覺得原本簡陋的背景布置好像又覺得不怎麼好，又上網買了小型簡易攝影棚、可調節的打光燈、背板、布幕。接著就開始將公司的產品重新拍照。當然拍完照還要去背及修圖。在那時候沒有 AI 的出現，去背修圖都是自己慢慢來，當然也是藉此累積許多美編修圖的能力。

攝影啟蒙：從產品拍攝到旅遊記錄

漸漸開始我也對攝影產生了興趣。慢慢感覺在追求完美，想拍得更好一點，接著又買了一顆定焦的人像鏡，適合拍人物特寫，也比較適合近距離拍攝食品的特寫。當然一台單眼相機絕對不只是用來拍攝產品的，所以外出旅遊也是不可或缺的，就在打算去香港參加朋友的婚禮前一周就又買了一顆旅遊鏡（這顆鏡頭就有點像望遠鏡，可以拍攝的距離比較遠），相信很多單眼攝影的朋友都是這樣，單眼相機是可以更換鏡頭，所以很多人為了要拍出不同的風格與效果，都會利用不同的鏡頭的特性來拍攝。而有些鏡頭的價格都是不斐的。我也帶著新買的鏡頭出國去拍照攝影。慢慢的藉由拍照去學習單眼相機控制快門、光圈、ISO、如何拍照構圖、取景等技巧。

創意製作客製化光碟的誕生

當有越多媒體來採訪報導，我也將其節目影片錄製下來。透過燒錄光碟的軟體編輯影片，可以製作出可置於 DVD 光碟機播放的 DVD 片。而當時的噴墨印表機是可以列印在特製的可列印的光碟上。那時有和朋友出去玩時，我都會整理出相片及影片，還美編製作出漂亮的封面及標題或是用合照來製作，標出出遊日期及打上名字做出客製化的光碟，搭配光碟盒一起當作禮物送朋友。有時用這當作生日禮物送朋友，真的就是一份獨一無二的，能夠讓人印象深刻永遠記得的大禮。

結合電腦、網路、程式設計、拍照、攝影、美編、剪輯方面的才能，這就是我個人 IP 影音攝記剪輯師的由來！

幫客戶照片重生：從平庸到完美的轉化術

　　一般人大都沒有個別的接收過攝影課，所以對於構圖取景或是本身所用的器材、相機可能都無法有效掌握，如果平常有在拍照或是自拍的人，可能有更多的拍照機會，同時也算是在做自我練習。練習多了自然而然也能抓到技巧，看久了，自然而然就會覺得自己怎麼構圖取景、拍攝甚麼角度能把自己拍得更好更漂亮或是小腿能夠更細長，更凸顯出自己的優點而去遮蔽自己的缺點。拍照時自己的手指頭會不會入鏡？按下快門時會不會手去震動到造成晃動。對焦是否有對焦好？會不會拍出來造成模糊不清的照片？

　　這位客人是幫忙她要結婚的好朋友，利用手機來幫他們拍攝在一起的生活照及簡單的婚禮儀式影片。她覺得自己技術不是很好，沒拍好、拍壞了，但想要利用她所拍的照片能夠幫她做出音樂影集。當我第一眼看到她傳來的照片，我也在想拍得不好，取景構圖也不好，拍攝的時間點也不好，好像沒有個重點，是有蠻多照片變得不太能使用。因為覺得篩選後的照片實在太少，不得已又再從不能用的照片中又再挑選出來，並且再重新將照片構圖裁切，最後利用新的裁切好的照片來做素材，結果及感覺就完全不一樣。

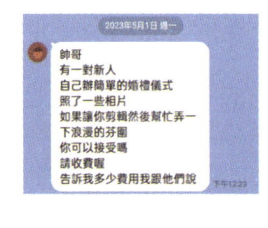

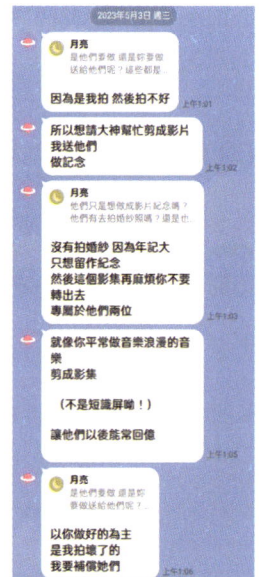

當我做完搭配音樂及特效的影片給她後，她看完後打電話給我，說她也感覺到不可思議，能把她拍的覺得不好的照片都變得很漂亮了，已經超過她的期望。

提升網絡曝光：小成本，大效果，利用免費資源提升網絡影響力

  這是一位在宮廟認識的師兄，他覺得他目前公司的網站好像沒甚麼效果，而且呈現的風格也不是他想要的，希望我能幫他重新設計製作一個網站，不過在我看過他的網站後台評估過後，我覺得以最經濟快速的方式是幫助他以原本的網站做修改，做 SEO 關鍵字，並且建立更多的相關資訊與網頁。其實他後台裡面都有些關鍵字的功能，他自己也不會使用。很可惜的是，全部都是空白沒填，想必是當初在幫他製作的團隊只是純粹建個形象網站，內容很多都是測試頁，資料都不完整。

  我就幫他把資料填寫的更完整，也幫他利用免費的 GOOGLE 網站幫他製作另外一個新網站以節省成本。並在 GOOGLE 地圖上也幫他建立公司的相關訊息。在 FACEBOOK 幫他建立他自己公司的粉絲專頁，在 YOUTUBE 則利用他設計的裝潢作品照片，幫他製作一部公司影片，讓他在不同的媒體平台都能去做曝光，並且在不同媒體之間，也能相互做連結。

對於原本作品展示區，每個系列可能大小不齊不統一，經過我將原照片，修圖裁切統一後，看上去也比較整齊好看了許多。既然原本的網站已經被各搜尋引擎收錄了，如果重新製作重新收錄，我想所有的關鍵字排名可能又要重新來過。或許花的時間可能更多，成本也更高。以最經濟方式搭配免費的資源，就能讓他在不同媒體平台上都能得到曝光的機會。

鏡頭背後大型活動中的攝影技巧與挑戰

這是一位開發公司主管，平常公司活動她是負責協助拍照記錄，也因為此次活動人數比較多，可能除了拍照還有其他任務要做，她怕只有她一個人無法顧及全面，之前也是因為我參與他們辦的家庭日旅遊活動，我做出的影片吸引到她，讓她覺得我攝影的很好，剪輯的也很好，所以特地請我去參加他們公司這次辦的公益保齡球賽，並請我幫忙攝影及錄影。當天活動時段整個包下保齡球館，每個公益團體有兩個球道，除了有在地的立法委員、市議員及體育局的長官還有 18 間公益團體代表選手及啦啦隊和公司的工作人員。

從早上進場便開始準備規畫該如何的拍攝記錄，依照他們的流程從佈置、伴手禮的準備、來賓簽到、發送伴手禮、領摸彩券，再到來賓介紹與致詞、每個公益團體的介紹、隊呼、啦啦隊、開球儀式、比賽開始、頒獎及摸彩。因為人數眾多、分組眾多、地方又大，我是幫忙拍照、錄影還兼公益團體參賽代表。其實腦中大概有個最後剪輯完成要呈現的畫面，這麼多人又這麼多組，影片該如何去呈現盡量讓大家都能露面？該錄製甚麼樣的素材？該如何去將每個公益團體都帶入畫面？該錄些甚麼特寫畫面？如何從不同視角去呈現？想完之後就開始朝著自己心中想要有的素材去拍攝。通常活動素材只能多不能少，拍了沒用沒有關係，但是少了，活動結束後就很難補回來。所以只要想到甚麼就先拍。

從入場及來賓進場開始，我就先用來賓的視角錄製一段進場畫面，為了讓走路時的畫面穩定也特地帶了三軸穩定器搭配使用。環繞拍攝工作人員辛苦的前置準備工作。遇到自己所屬的公益團體啦啦隊則先幫他們錄製啦啦隊隊呼。拍攝參賽人員簽到畫面、領取紀念品、填寫摸彩券、投入摸彩箱、活動看板、布條、獎盃、摸彩贈品⋯。待活動開始前，則開始架好固定錄影機及手機的位置，及調整設定所能錄影到及拍攝的最大範圍，讓團體入鏡時都能夠輕鬆錄到拍到。因為當開始錄影後，我就讓錄影一直錄，而我就使用單眼相機及手機來做拍攝。在來賓介紹及公益團體介紹到頒獎都是以這模式來拍照錄影。在比賽正式開始前的開球儀式，我是事先不知道的，只是聽到主持人宣布的時候，我才趕快帶著設備衝向球道。因為事前不知道，所以也不知道是不是都必須入鏡，哪些人該帶點特寫？因為每個球道距離都蠻寬的，側面錄，越在後面的人距離越遠畫面則會越小，被遮擋到的機會也會比較大。所以就不好錄到重點人物。也是因為開球的人有好幾位，所以攝影機只能架設在沒有比賽的球道上，從開球者的右前方將所有開球的嘉賓帶入鏡。之後活動正式比賽開始，就開始找公司董事長在他旁邊錄製一些投球畫面，當然有全倒的畫面會更好，如果沒有，也是可以靠剪輯完成。再多錄製幾段打球影片及後面啦啦隊的歡呼加油聲。也側拍一些活動畫面。該錄製拍攝的素材都有了，活動結束之後就是要彙整。

將自己相機、錄影機、手機所拍攝的檔案並結合主辦方工作群組裡面的工作人員拍攝的照片及影片全部彙整在雲端硬碟。讓所有人可以在最短時間內獲得連結，取得照片及影片資料，能夠給媒體做新聞發佈。接著就開始編輯及剪輯、上字幕、錄旁白，製作公司的活動影片。

歡迎大家參觀我的成果影片

創造非凡，記錄瞬間

我分享了我在攝影、網站優化和活動記錄中的實際經驗和心得。無論是幫助朋友改善網站、提升網絡曝光，還是記錄大型活動的每一個精彩瞬間，我始終堅信細節決定成敗，創意和專業能夠為每一個項目帶來不可思議的改變。而有些創意是我個人才有的，所製作出來的產品也會有所不同。

在網站優化的案例中，我利用最經濟實惠的方式，將一個原本缺乏效果的網站通過完善關鍵字和 SEO 策略，並充分利用免費資源如 Google 網站、Google 地圖、Facebook 和 YouTube，幫助客戶在各大媒體平台上建立自己公司的曝光渠道，提升網絡存在感及曝光率和競爭力。

在大型公益活動攝影記錄中，我憑藉敏銳的觀察力和精湛的技術與方法，成功記錄了每一個重要時刻，從活動前的準備工作，到活動中的每個精彩瞬間，再到後期的剪輯製作，我都力求做到完美。通過細緻的規劃和靈活的應對，我不僅確保了每一個公益團體都能在影片中出現，更讓整個活動的記錄變得更生動而富有感染力。

這些經驗讓我深刻理解了無論是網站優化還是活動記錄，關鍵都在於對細節的把握和對品質的追求。我始終相信，通過自己創意和專業，可以將平凡的事物轉變成為非凡的成果。我的價值所在，就是能夠在每一個項目中，運用專業知識和創新思維，為客戶帶來超乎預期的效果，讓每一個瞬間都能被完美呈現。

歡迎到本文首頁加我，送『如何製作動態 Line 頭像，吸引人們目光與注意』的操作影片。

跟著我用一隻手機輕鬆簡單變現全世界 - 網路成交小公主

徐秋惠　自然醫學健康管理師

秋老闆，網路成交小公主，帶你一支手機輕鬆變現全世界，從上班族到創業公主，健康財富雙豐收。

經歷了腦瘤的挑戰，成為兩間企業的創辦CEO，享受每一刻的美好，我們將一起探索創業和生活中的多樣性與精彩瞬間。

line id：0910359734
加我免費送：電子書
《教你5分鐘內一隻手機成交變現》

工作的穩定只是表象

在那天的課堂上,老師的一番話真的讓我感慨萬千:「當這個社會上的老闆都不穩定的時候,你真的覺得你的工作是穩定的嗎?」這句話深深觸動了我。

從一開始作為一名普通的上班族,在運動界業務崗位上穩步前進,到後來自己創立了紡織工廠,成為一名老闆,這一路的轉變充滿了挑戰與不確定性。經營工廠的過程中,我見證了市場的風起雲湧,業務和營收的波動讓我倍感壓力,經常需要考慮如何應對市場變化,如何保持業績的穩定,這些都成為了我生活中的一部分。最終,我不得不面對現實,做出了轉型的決定。

慶幸的是,我在適當的時機做出了這個決定,而且有幸接觸到了一個非常優秀的網路平台。這個平台不僅具備完善的銷售模式,還提供了完整的教育訓練資源,幫助我在新環境中重新站穩腳跟。

現實是殘酷的，我們需要正視這個問題：我們能夠為別人工作到什麼時候？當我們到了 65 歲，靠著每個月 1 到 3 萬的勞保金，真的能夠應對當前不斷上升的物價和通膨嗎？而且到了那個年紀，我們的身體狀況還能允許我們繼續工作嗎？這些問題看似遙遠，但實際上卻非常近。時間流逝得飛快，我們必須及早為未來做好準備，為自己尋找一條更穩定、更有保障的道路。

　　本文講述我從一個平凡的上班族，試著了解其他的賺錢可能性，一路經歷成長的故事。或許對於那些也像我一樣，對未來充滿著不確定感和缺乏安全感，不知如何探索出一條更適合的方向，為自己的未來鋪設更加穩固的基礎的朋友們，非常有借鑒意義。賺得「久」比賺得「快」重要。「穩」賺，才是我們最終的目標。

一支手機變現全球的網路成交策略

秋老闆網路成交小公主「帶你一支手機輕鬆變現全世界」

我是秋老闆，擁有一口流利的英文，早期曾擔任過英文老師，培養了豐富的教學經驗。在職涯的另一階段，我進入了運動衣料界，成為了一名貿易業務員，積累了寶貴的商業談判和國際貿易的實戰經驗。隨後，我自己創辦了工廠，專注於運動布料的生產與供應，從無到有地建立了一個穩定的供應鏈，成功地成為了行業中的佼佼者。

然而，我並未止步於此。在經營實體工廠的過程中，我逐漸認識到健康管理的重要性，並決定深入學習這一領域。經過多年的努力，短短的幾年我取得了大健康管理的多項證照，包括自然醫學碩博士學位、國家健康管理師資格，以及中央心理咨詢師資格，這些專業知識為我奠定了在健康管理領域的權威地位。

隨著時代的變遷，我選擇了輕資產創業的模式，將重心轉向了雲端線上平台。憑藉多年積累的經驗和資源，我成功轉型為「專業健康網路成交專家」。如今，線上人們稱我為"網路成交小公主"，僅需一支手機，我便能輕鬆在全球範圍內變現。

這樣的轉型讓我不僅在事業上再創高峰，也實現了更自由、靈活的生活方式。我的經歷證明了，在這個不斷變化的世界中，只要有勇氣和智慧，便能抓住機遇，創造屬於自己的成功故事。

網路助力，從負債到年收百萬的逆襲之路

我是一位高中和大學都在加拿大的小留學生，國外讀書八年，過著無憂無慮的生活。曾經，我也有過明星夢，相信自己與眾不同，外貌出眾，只是臀部稍微大了一點，哈哈。從小我就是一個非常自信的女孩。大學畢業後，像其他同學一樣，我回國開始了上班族的生活，在一家運動品牌布料貿易公司擔任國外業務人員。當時的我充滿體力，下班後還兼職當英文家教老師。年輕愛美的我曾經是月光族，還背負著信用卡債，因此一直在尋找更多賺錢的機會。當時，我認為自己擁有極好的賺錢資本：流利的英文和留學經驗，使我成為大公司首選的人才，我對未來充滿信心，一點也不擔心找不到工作。

然而，因為健康出現了一些小問題，加上年輕時愛熬夜又不愛喝水，導致滿臉痘痘，工作時精神不濟，形成了白天昏昏

欲睡、下班後卻精神百倍的惡性循環。在這段時間，我接觸到了人生中的第一個直銷公司產品，產品效果很好，不僅把滿臉痘痘治療好還把我變成正常尺寸的屁股，這實在是太神奇了，我因此全職投入直銷。然而，由於當時的社會知識和經驗不足，我在半年內負債累累，只好重新回到職場，繼續當上班族。

回到職場後的這幾年裡，我依然在不斷尋找賺錢的機會，參加了許多房地產和股票投資的課程。但有了前面的慘痛經歷，這次我變得更加謹慎，不再輕易行動，反而更加專注於上班族的職位。然而，在我 30 歲的巔峰時期，我卻被診斷出腦瘤，這讓我真正意識到健康的重要性。畢竟，公司可以在一秒鐘內找到替代你職位的人。

腦瘤痊癒後，我決定自己創業，開設工廠成為布料供應商，開始學習如何成為一名企業管理者。然而，這段旅程並不容易，「人」這個字看似簡單，卻是最難理解的。除了每個月要管理員工，還得煩惱營運成本的問題，直到 Covid-19 疫情的爆發，迫使我不得不轉型，才讓我走上了新的道路。

接觸了網路平台的微商生意後，我從一個對手機和3C產品完全不熟悉的小白，逐步成長為現在人稱的"網路成交小公主"。起初，我對這個全新的領域感到陌生，但我很快意識到，這是一個充滿潛力的機會。只要給我一支手機，我就能迅速與潛在客戶溝通，並快速達成交易，這背後的成功並非偶然，而是源於我持續不懈的努力和學習。

為了在這個領域中脫穎而出，我花了大量的時間學習各種與網路銷售相關的技能。從自媒體經營到手機拍片剪片，我逐一掌握了這些技術。同時，我還深入研究了如何在網路上快速與陌生客人建立信任，並最終將他們轉化為忠實的客戶。這一切都需要我在短時間內做出快速反應，並且始終保持專業態度。

我的成功不僅僅來自於技術的掌握，還得益於我所處的優質學習環境和我自身的認真態度。這些因素使我能夠迅速適應新環境，並在極短的時間內取得驚人的成果。在短短的半年內，我的業績就達到了百萬，這不僅證明了我自身的能力，也讓我更加堅信，只要持續學習和不斷提升自我，在這個快速變化的時代中，人人都可以創造屬於自己的成功故事。

在這個網路發達的時代，因為我有了直銷經驗中被親朋好友唾棄的教訓，我決定所有的客戶都要從網路開發，不再向身邊的親朋好友推銷生意。為了爭取更多的專業信任，我將自己近 20 年知道的所有營養知識轉化為國家認證的證照，同時也鞏固了我在這個領域的專業地位。很多人認為這可能需要很多年，但其實，只要密集且認真地投入學習，兩三年的時間就會不知不覺過去，成效也會隨之而來。

憑藉著將近 20 年的營養領域學習與經驗，我已經在網路上協助了超過千位備孕的女性。其中確實有一些非常神奇的案例，僅僅通過簡單的營養調整和改變飲食，就能讓原本因「輸卵管堵塞」而難以懷孕的女性自然懷孕了。這些成果讓我更加堅信營養和健康管理對於身體平衡的重要性，也讓我能夠幫助更多人實現他們的夢想。

現在的我，已經能夠熟練地運用各種網路工具，不僅能夠輕鬆地拍攝和剪輯高品質的視頻，還能夠通過自媒體有效地吸

引目標客戶，並迅速將這些潛在客戶轉化為實際銷售。我深知，這條路上沒有捷徑，只有持之以恆的努力，才能持續取得突破性的成果。我的故事就是一個例證，展示了如何從零開始，在短時間內透過不斷學習和實踐，實現從小白到網路銷售專家的轉變。

在現代社會，麥當勞曾經被視為不健康的食物選擇，但隨著時代的變遷，許多商人為了降低成本，導致食品材料的品質變得不穩定。反觀現在的麥當勞，它依靠固定的流程來製作食物，反而成為如今許多營養師推崇的飲食選擇。隨著時代的改變，許多事情也在不斷演變，包括銷售產品的方式與管道。我深信未來的趨勢一定是「大健康」結合「雲端商店」。

在這個世界即將邁入 AI 時代的關鍵時刻，我已經憑藉自己的努力和技能，成為網路上成交變現的佼佼者。能在這個競爭激烈的環境中脫穎而出，我感到非常自豪。然而，我深知這個世界不斷在進步，停滯不前只會被時代淘汰。因此，我不打算止步於此。

把握 AI 機遇，拓展客戶群體與市場機會

接下來，我將把重心放在學習 AI 的指令和技術上，這些工具將成為我事業的新利器。AI 技術不僅能夠幫助我更精確地分析市場趨勢，還能自動化許多繁瑣的流程，使我能夠更加專注於戰略規劃和創新。通過善用 AI，我將有能力進行批量成交，這不僅能提高我的效率，也能大幅度擴展我的客戶群體。

我相信，隨著 AI 技術的進一步發展，我將能夠更深入地了解消費者的需求，並提供更加個性化和精準的服務。這不僅能讓我的業績再創新高，還能為我的客戶帶來更好的體驗。AI 的時代帶來了無限的可能，而我將全力以赴，將這些技術融入到我的業務中，讓我的事業邁向新的高度。

这不僅是一次技術的升級，更是一次思維的變革。我相信，隨著我對 AI 技術的深入掌握，我將能夠更靈活地應對市場變化，創造更多的機會和成功。未來是屬於那些敢於擁抱變革的人，而我將利用這個機會，讓我的事業走得更遠，飛得更高。

不斷嘗試與學習是實現穩定收入的核心

要成功將名單轉化為成交，確實需要技巧和經驗的積累。在與客戶溝通時，最重要的是傾聽，而不是滔滔不絕地說話。給予客戶足夠的時間和空間來表達他們的需求和疑慮，透過傾聽，可以深入了解他們的真正需求，這樣才能更精準地提供解決方案。

此外，提問的技巧也非常關鍵。與其急於給出答案，不如透過開放性問題來引導客戶自己說出他們的痛點和需求。這種方法不僅能讓客戶感受到關心，還能讓他們在回答中發現自己的需求，從而更容易接受所提供的產品或服務。

在整個溝通過程中，建立信任是核心。透過展示專業知識以及在交流中展現的真誠和透明度，可以迅速建立起信任關係。一旦客戶信任，成交的可能性就會大大增加。同時，在整個過程中，要著重強調產品或服務能夠為客戶帶來的價值，而不僅僅是推銷本身。當客戶意識到這個價值並相信它能夠解決他們的問題時，購買意願自然會更強。

實戰練習是提升成交率的關鍵。每一次與客戶的互動都是寶貴的學習機會。透過不斷總結經驗並調整溝通方式，能夠逐步找到最適合自己的成交策略。

隨著購物模式進入雲端時代，客戶的行為和需求也在不斷變化。保持敏銳的市場觀察力，適時調整策略，是在這個快速變化的市場中持續取得成功的關鍵。這一切都表明，透過有效的溝通和適應變化，可以在雲端事業中建立長期穩定的客戶關係，並實現持續的業績增長。

雖然在短短半年內達到了百萬的業績，但很快就意識到，單靠不斷地賣東西並不是長久之計。在這個過程中，除了學習商業模式，還進一步提升了自己的專業知識，認識到在大健康時代結合雲端平台的重要性。為了能夠在這個領域中立足，取得了健康管理師的證照、心理咨詢師的證照，並且在自然醫學領域獲得了碩博士學位。這些專業背景不僅增強了在行業中的競爭力，也顯著提升了客戶對我的信任度，進一步推動了銷售成績的增長。

在剛開始踏入這個行業時，收入並不像現在這麼穩定，甚至曾經考慮過要回去找一份普通的上班族工作。然而，普通上班族的工作時間會佔據大量時間，而學習雲端事業所需的視頻拍攝和網路學習同樣需要投入大量精力。經過一番掙扎，最終決定全心全意投入到雲端事業的學習與發展中，並在持續的努力下，最終實現了成功，達到穩定的月收入，且遠超過一般上班族的薪水。

能夠達到目前穩定的收入，最主要的核心關鍵在於不斷地嘗試、練習、修改，再次實踐，並且持續不斷地學習。這種循環的過程讓每一次的努力都成為邁向成功的基石，最終實現了穩定的收入和事業的成長。

對於那些副業收入還沒有超過正職收入的朋友，我會建議一定要專心在正職的工作上面。只有全心全意地快速完成正職工作，你才能騰出額外的時間來專注於副業的學習與發展。當你變得非常忙碌時，抱怨的時間就會減少，因為忙碌會讓時間過得非常快。這樣一來，在遇到負能量時，就不會過度思考，而這種不過度思考的狀態，能幫助你更快地達到目標。

很多人會問，到底應該學什麼呢？其實，觀察同行中做得比較成功的人，看看他們擁有哪些你還不會的技能。例如，如果某個人擅長拍影片或者經營自媒體，那你也可以朝這個方向去學習。更進一步，你可以主動聯繫這些成功的同行，請教他們在你目前的情況下，下一步應該怎麼做。大部分人都會願意給出指引，畢竟他們已經經歷過這個過程，能夠告訴你在當前狀況下最適合做的事情。這樣做不僅可以省去很多摸索的時間，還可以請教他們是否有推薦的學習資源，讓你能夠事半功倍地提升自己。

賺的「久」比賺的快重要、「穩」才是王道

隨著時代的變遷，視野也必須隨之拓展。過去，開創一門生意通常意味著需要一間實體店面或辦公室，但如今，生意的模式早已不再局限於此。銷售活動可以隨時隨地進行，無論是透過蝦皮、FB、IG 等網絡平台，還是僅僅利用一部手機，都能達到同樣的效果。要跟上這個時代的步伐，我們必須不斷學習新技能。

　　在這個多元化的市場中，客戶的需求變得更加多樣化。疫情前，人們習慣於「貨比三家」，疫情後，客戶被迫學會「貨比三千家」。這意味著我們必須具備雙向思維，不僅要提供優質的產品，還要能靈活滿足客戶的各種需求。這幾年來的經驗，再加上今年我在市場上全力以赴的嘗試，讓我有了許多新的體悟。特別是這兩個月參加領袖培訓課程，老師的一番話更讓我堅定了「精準客戶」才是各行各業真正需要的名單。那句「當老闆都缺名單請客」深深觸動了我。回想以前在傳統產業當工廠老闆時，連邀請客戶吃飯都不一定能成功，更體會到這一點。因此，我深信「人多沒有用」，「精準」才是王道。只有深入耕耘在同一個品牌團隊，才能真正實現專業，並且更上一層樓。

就像古代皇帝身邊的「精衛軍」，一萬精兵能抵十萬普通軍隊一樣，精準的策略和客戶名單，才是成功的關鍵。我會繼續朝著這個方向努力，確保自己在這條路上不斷前進。

歡迎到本文首頁加我送 "教你5分鐘內一隻手機成交變現" 電子書

當AI 遇上云端營銷
擦出熊熊烈火

AI獲客小王子 / Adam

00後畢業就創業！

一場Line群操裂變，

3天裂變陌生精準名單三百多人

一場發售11天，進帳67萬

擅長 "AI+贏銷"，

帶你獲客0煩惱

line id : adam23449044

加我免費送

AI數字人短影應用諮詢20分鐘

方法是人選的，用對方法讓你事半功倍，你好，我是 Adam，我喜歡 AI，更喜歡用 AI 來解決營銷獲客問題，大家都稱我為 "AI 獲客小王子"，。我是一個 00 後的大學畢業生，大學專修 AI，2023 年大學畢業，從此踏上與 AI 為伍的日子。

畢業後第一年：

2023 年 9 月（畢業後 2 個月），我的 AI-SEO 產品問世，短短一天上 Google 熱門區。同時，一場發售 7 天，進帳 59 萬

畢業後第二年：

2024 年 1 月，一場發售 10 天，進帳 31 萬

2024 年 5 月，一場發售 11 天，進帳 67 萬

一場 Line 群操裂變，3 天裂變陌生精準名單三百多人

AI 數字人的誕生：

2024 年 8 月，我的 AI 獲客數字人終於誕生，為短視頻陌生引流增添生力軍。

我喜歡 AI+ 贏銷，我的師父 Caro 老師說 "靠近趨勢，離錢最近"，AI 就是現在全球最新的趨勢，正想要創業的你，可以和我一樣把握這波 AI 趨勢。

AI+ 贏銷的結晶，我想我這輩子二者都離不開了！

以下是我眾多客戶見證

AI.SEO 幫客戶搶佔 Google 熱門區

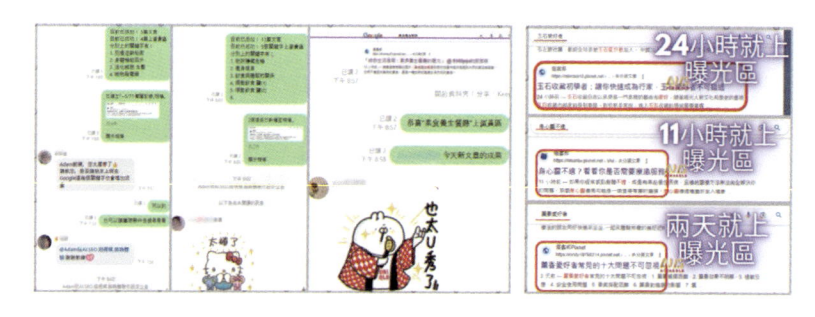

幫客戶客製化 AI 數字人，搶佔短影市場

企業急於數位轉型，卻做白工

AI 帶來的應用非常廣泛，大至國家，企業，小至個人，都影響巨大！但是，國家級別，軍事，醫療......這遠遠不是個人創業所能及的，我針對個人創業和大家聊聊我的創業歷程......

有了 AI 的出現，數位轉型已是台灣大中小型企業的重中之重，但是大多數企業還只知道 " 數位化 "、" 線上化 "，資料存雲端、會議線上開，再進階一點的可能會活用專案管理工具。但是，接下來我想分享一個小故事，簡單利用 AI 幫一個傳統行業做一個小小的、初步體驗到什麼是真正的數位轉型。

大四那年，我曾在一間上市企業擔任 IT 人員，專門處理公司設備，需要的軟件測試，還要接觸各個部門，了解需求並做教學。而我們最重要的課題就是 " 數位轉型 "，AI 還未暢行的時期，數位轉型都著重在 " 效率 "，內部溝通的效率、產出成果 / 成品的效率、客服解決問題的效率、業務推廣的效率等等。

知道"效率"的重要性，但要改變是非常困難的，能否撐過改變的過程帶來的牴觸，反倒成為很多轉型失敗的問題所在，因為改變的過程，往往會造成員工增加工作量，過度期可能會需要重工，而 AI 可以縮短這個過渡期，提高轉型的成功，解決需要花費大量時間的事情。

傳統印刷廠的轉型誤區

故事是，我協助 Caro 老師尋找印刷廠，這是一個結合我 AI 專業和行銷知識的過程。當時，我發現印刷廠無法抓住客戶的重點，他們在與客戶溝通時，仍延用傳統的方式，沒有提供任何替代方案或對標，這使得客戶難以理解和選擇合適的印刷材質。

印刷廠在詢問需求、規格時，使用非常多的專業術語，例如紙要多少 g，其實這裡再問厚度，在客戶不了解的當下，客戶只會是滿頭問號。印刷廠未能有效地將這些術語轉化為客戶容易理解的語言，導致雙方來來回回的交鋒，結果還是分不出高下。比如，他們提到的"80g"可以嗎？"造模紙"可以嗎？

這些紙張材質，厚度？客戶根本無法透過網路或電話去想像，更無法了解觸感和品質。

> 您主要是白底的字比較多，如果用影印紙那種薄度約80g的模造紙可以嗎？
>
> 會太薄嗎？

因此我建議他們可以藉助 AI 技術，ChatGPT，來提供更直觀的說明和舉例，我就用 1 分鐘的時間問問 ChatGPT，馬上得到一個答案"銅版紙類似於大多數的雜誌的封面觸感"

> 在台灣"銅板紙"這個材質，可以對標生活上哪種大家都認識的書籍？
>
> 在台灣，"銅板紙"這個材質可以對標一般大家都認識的書籍，例如：
> 1. 雜誌：大部分的雜誌封面和內頁都會使用銅板紙，因為它的光澤質感和出色的印刷效果能夠提升圖片和文字的質感。

你覺得 AI 回答得清楚嗎？應該比廠商問你"銅版紙好嗎？"還要來的容易地聯想到銅版紙是什麼吧？ 這種客戶曾接觸過的、看過的紙張樣本，才可以大幅提升客戶的理解和選擇效率，不能只知道要轉戰線上，只做網站曝光，但客戶根本留不住，沒提升效率，反而增加工作量。

在整個過程中，我幫助印刷廠重新理解數位轉型的重要性，並介紹了一些 AI 技術的應用，如使用 ChatGPT 來協助溝通和舉例。這不僅能改善他們的服務質量，也能適應市場的變化，增加線上客戶的滿意度。

在這個故事中，我們看到印刷廠面臨了一個常見的數位轉型挑戰。他們雖然已經開始將業務線上化，並嘗試增加網路曝光，但實際上卻無法有效地留住客戶或轉換服務。這揭示了一個關鍵問題：

許多企業在數位轉型的過程中，僅僅停留在 "數位化"、"線上化" 的表面層次。

他們可能會將資料存放在雲端、進行線上會議，甚至使用專案管理工具，但這些措施往往不足以真正滿足客戶需求或提升客戶體驗。

印刷廠在面對線上新客戶時，沒有考慮到這些客戶可能缺乏專業背景，仍使用大量專業術語，讓客戶感到困惑，無法做出選擇。這是許多中小企業在急於數位轉型中沒有充分做準備，只停留在基礎層次，沒有改變服務模式和客戶溝通方式，完全沒有提升成交率。其實，數位轉型不僅是技術改變，更是服務和溝通的升級。透過引入 AI 技術，企業可以更好地與客戶互動，簡化技術問題，並加快服務速度，在競爭中脫穎而出。

企業需要理解數位轉型的核心在於提升客戶體驗。所以，必須善用數據分析來了解客戶需求，並提供個性化的服務。在這方面，AI 技術可以發揮重要作用。

例如使用 GPT 技術可以用來改善客戶服務的互動性和反應速度，一來可以避免客戶面對永遠找不到想要答案的智能客服，二來又能解決客服電話常常通話中的問題，還能減少人力成本，一舉三得。

應用 AI 提高運營效率

AI 也可以自動化許多日常任務，從而提高運營效率。例如，我也曾經使用 AI 來模擬合同和法律文件，這不僅節省時間還能降低出錯的風險，甚至不專業的人都能擬一份出來，使用 AI 工具如 GPT 來生成合約，可以減少對法律專業知識的依賴，只需要簡單地調整生成的模板，調整內容細節就能持槍上陣。

最最最吸引人的莫過於跟省錢扯上關係，AI 還能幫助企業在運營中節省大量時間和成本。台灣大家耳熟能詳隨處可見的中國信託就靠 AI 完成某一項繁瑣的動作，中國信託利用 AI 技術來取代部分職員的工作，存寄支票和寄信等小型審核工作，這每年為企業節省了 5000 小時的工時，顯示出顯著的效率提升，對老闆而言等於省了近百萬的薪資，對員工等於多了 5000 小時的摸魚時間。

此外還有很多大企業老早就在引進 AI 做輔助，維護伺服器、機器的運作狀態、流水線工廠的品質檢測、各式各樣的 AI 引入，當我們還在認為疫情大裁員，殊不知真正裁員的原因是，不需要這麼多員工了。

總之，AI 不僅能提升客戶體驗，還能通過智能化的運營流程來幫助企業在數位轉型中獲得競爭優勢。隨著 AI 技術的不斷普及，企業必須積極學習和應用這些技術，才能在未來的市場中立於不敗之地。

AI 帶來龐大商機

現實生活中或許還有設備硬體的問題，在網路上更是 AI 的主場，雖然這麼說，但大多數人除了聽過 ChatGPT 之外就很難再說出第二款 AI 的名子了，但在 AI 的世界中，也有分各行各業各種類型，除了文字類型的 ChatGPT，有的專門產簡報，有的製圖、產片、仿真人影片、創作音樂甚至還會寫網站，千奇百怪只有你想不到沒有 AI 做不到。

Canva 省錢省時省力的換圖 AI

Canva 是我今天要拿來舉例的一款簡報工具，他可以製圖，可以做簡報，還有各式各樣的範本，無版權自由使用的設計都可以套用，當然，我不是來廣告的，當中的 AI 是我今天的主角。

Canva 有提供其他 AI 外掛的加入，在工具列中你可以直接產出各種 Canva 之外的 AI 來幫助你完成簡報，當然他自己也有很不錯的 AI，我曾經在做教學的時候展示了 Canva 的 AI 局部換圖功能，並展示出成果讓學員們，哪一張圖是 AI 製作的左右對比（附圖），AI 做出來的圖片不負眾望的還是被選了出來，不過真實度拉滿。

　　上圖是一個範例，利用 Canva 的 AI 功能為自己的形象照換衣服。儘管 AI 在圖像生成上可能會有一些小瑕疵，但整體效果已經相當不錯。針對一些細節問題，例如手指關節或衣服的細部，在這建議有實做精神的讀者可以通過反覆生產來獲得更好的結果。

AI 工具可以大大節省時間和精力，就如上圖一樣不用實地拍攝、購買服裝等，就能完成換裝的修改，換其他東西也一樣，手上握的東西、背景轉換等。還真是方便！

在創作這部份，很多是以前做不到的，再舉一個例子，一個網紅景點，在正常時間去，基本不可能做到清場拍照，一定有很多閒雜人等的入境，但是今天你只要找好角度，回去靠 AI 幫你把人去除，你就能獲得一張清場的完美照片，這是 AI 去除功能。

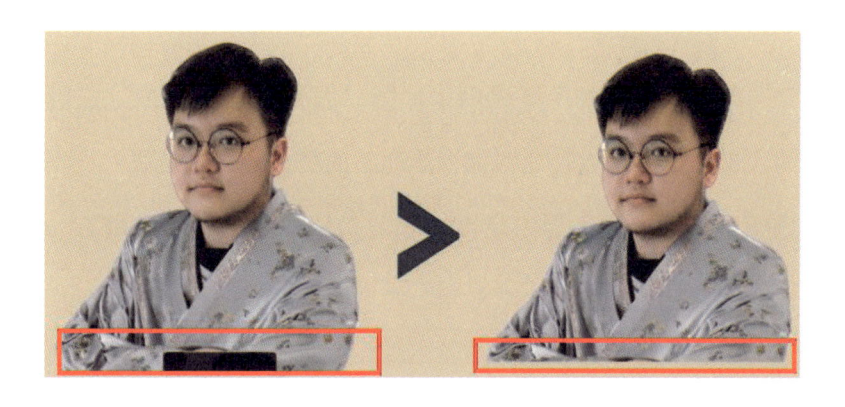

有的 AI 生成的圖像有缺陷，只要不過於苛求，這些缺陷往往不會影響整體效果，當然針對缺陷也有掩蓋的方法。多看

事物的好的一面，而不是只注意其不足之處，這與 AI 工具的使用理念相似，即在看到瑕疵的同時，也欣賞其帶來的便利和創新 , 有瑕疵，調整一下就變成一個完美的素材，況且短短幾秒鐘就生出來，還無須擔心有任何版權問題。

P.S. 遮醜一下就完美了

一加一大於二

剛剛提到了 Canva 的 AI 換圖，接下來就來談談 AI+AI。

數字人是繼 GPT 爆火以來，第二個受到關注的 AI，當時的人都在擔心，以後連跟你視訊通話的對象都可能是假人，不過明顯當時的技術還不足以撐起這句話，AI 的數字人總有一種 AI 的味道。

今天我要講的這款結合 Canva 的 AI 是數字人，兩年前的數字人就好像第一款 IPhone 一樣的新奇，他有著所有數字人的特色，並且以簡單操作而聞名，後來陸路續有數字人推出，但風頭都沒有超過 D-ID，直到一款以 "偽真實" 為核心的

AI 出現，過成中許多 AI 出現，也有許多 AI 消失，當時的數字人 AI 越出越多，但功能都大同小異。

兩年後，數字人也需要存活，他們衍伸出自己的特色，有的朝著企業需求發展、有的朝著真實度、D-ID 朝著數字人客服前進，每個工具都會進步，因為市場需求再變，光是一款 AI 不斷的進步、改變，就有無窮的可能，如果 AI 再加上 AI 呢？

接下來的例子帶來 Canva 結合外接 AI 軟件的案例。

Canva 的 AI 功能不僅可以內部使用，還可以與外部的應用程式整合，雖然這可能需要額外的訂閱費用，但通常也會有一些免費的試用點數可供使用。利用 Canva 提供的外部應用程式可以找到 D-ID 的創作工具，它創建一個數字人，輸入文本讓 AI 生成語音內容。在文本輸入時，可以選擇不同的語言和聲音類型，並且可以上傳自己的聲音文件讓 AI 分析並匹配嘴型和臉部動作。

在整個過程中，從選擇語言、調整停頓點，數字人生成到簡報就可以當正常影片應用，即使不懂英文，也能透過 Canva

的介面簡單操作這些 AI 工具。

其實 Canva 提供了許多與 AI 結合的工具，可以透過應用程式選項來找到這些 AI 功能。

無窮無盡

使用 Canva 和 D-ID 這兩個工具的整合應用。不過這些例子想告訴大家的是讓產品保持創新和多樣性，而一加一可以讓工具以不同的方式呈現，達到「取之不盡」的效果。

所有的產品都是在解決某些事情，A 工具可以解決 A 事情，B 工具可以處理 B 事情，但是 A 加 B 呢？二者結合可以產生的內容或許更細緻，服務的內容更多元，那如果又加上一個 C 呢？

我的重點並不在於例子教了什麼，而是分享 AI 趨勢的思維和紅利。每個 AI 工具都有自己的優缺點，並需要根據特定情境選擇合適的 AI。以 D-ID 為例，專注於客服 AI 的定制化和個人化，但是他與剪報的 Canva 結合，是不是可以讓這簡報畫面有專屬的解說員？

其他強大的 AI 工具，如 GPT 和 Notion AI。GPT 因其廣泛的應用範圍而被認為非常強大，能夠結合各種功能，如搜索、圖形生成、網址分析和總結等，適應多種行業需求。

Notion AI 則是針對筆記型用戶，適合記錄和整理，但也可能因為用戶已有既定的筆記習慣而面臨推廣挑戰，但是都不排除他能跟其他 AI 做結合來衍生出其他服務，專門分析新 AI 功能的介紹 Youtuber 其實也是受惠的一方。

此外，冷門的 AI 工具，如剪映 AI，雖然不像其他工具那樣廣泛使用，但在其專業領域內非常強大，能夠在剪輯影片時結合數字人。

多嘗試和探索 AI 工具，即使一開始不熟悉，隨著學習和應用的深入，也可以將所學分享給他人，無論是年長者還是年輕一代。他認為，AI 的學習和應用不僅是技術層面的提升，更是抓住時代紅利的一種思維方式。

創業最佳分身，AI 數字人

自媒體的盛行，人人都可以有自己的品牌，想要大量在自媒體上曝光，短影音是現在最強通道，但是獲客成本愈來愈高，競爭對手越來越多，製作短影音要親拍耗時又耗力，播放量不大，變現力道薄弱......很多人為此卻步不前，或是堅持不了敗陣下來！

現在藉由 AI 數字人的誕生，虛擬分身無限，製作短影音快速又有效，真正達到營銷人的降本增效，正是現在短影音獲客成本越來越高的解藥，創業門檻又大大的降低。

AI 數字人解決量的問題：

一支數字人只要放上不同文案，就可以製作出不同的短影片，影片可以放到不同的平台，例如 Youtube，抖音，Tiktok，小紅書，Reel......等等，增加曝光度。當你的競爭對手還只是一週更新一部影片，影片難產的情況下，你已經是一天上傳 10 支影片，一個月 300 支影片的曝光，遠遠超越你的競爭對手，形成短影的"霸主"。當然，你的專業內容是必須有的質量。

AI 數字人解決質的問題：

文案質量，還可以使用 CHAT GPT 來解決，由 GPT 大量產生爆款標題，優化適合的文案，相關的內容，那麼，營銷的曝光，一條龍都可以靠 AI 來解決，大大節省時間！甚至，AI 數字人根據平台的算法特徵，定制適合的標題、標籤和封面，優化短視頻在各大平台的曝光度。

AI 數字人解決成本的問題：

AI 數字人可以通過模擬真人進行短視頻的產品推薦、品牌宣傳等活動，並能夠根據市場需求和用戶反饋及時調整營銷策略，提高營銷效率。不需要真人出鏡，降低成本並避免拍攝時間的限制。

AI 數字人解決數據分析的問題：

AI 還可以根據數據分析，用於優化短影音的分發與推廣策略，幫助內容更精準地觸達目標用戶，提升觀看量和轉化率。根據用戶的行為習慣，精準推薦和推廣短視頻內容，提升點擊率和觀看量。基於 AI 數據分析，預測未來的內容趨勢，幫助企業和創作者提前佈局，抓住市場機會。

AI 數字人解決流量的問題：

AI 虛擬偶像可以出演短影音內容，進行直播、互動或帶貨活動，吸引大量粉絲和流量。企業可以創建自己的 AI 品牌代言人，持續參與視頻創作，保持品牌曝光並降低運營成本。

AI 數字人幫助很多營銷人創業成功

目前我們很多客戶因為曝光量的提升，短視頻獲得大量曝光，留言率提升，精準地抓住潛在客戶，進而引導到私域做成交，營銷效果奇佳。

若你也想應用 AI 數字人創業成功，歡迎到本文首頁加我為好友，送你 "AI 數字人短影應用諮詢 20 分鐘"

上班族兼職網購
兼職收入早已超越正職很多

Susan 斜槓網賺贏家

現職貿易公司會計，
但兼職網購收入早已超越正職很多
我不斷在協助想網賺的上班族，
也能在副業輕鬆賺滿。

line id : 168news
加我免費送
斜槓職人高效管理的秘訣

走出職場舒適圈，如何在變局中找到新方向

大家好，我是 Susan Lin 斜槓網賺族！大家都叫我 Luckysusan！目前是貿易公司會計，也兼職網購，兼職收入早已超越正職很多。我不斷在協助想網賺的上班族，提升斜槓收入，共同實現財務自由！

我出生於純樸務農的家庭，身為長女的我從小就像「小大人」，要幫忙做很多家務事，在小學三年級就開始要煮飯菜、幫忙照顧弟妹…等。這些生活經歷也培養出我有堅強、合群、隨和的個性，鍛鍊出我有積極、有責任感以及有耐心、細心的做事態度。

踏入社會後，我先在一家日商公司任職，幾年後轉任關係企業的管理工作。我一直是個努力工作的上班族，每天早出晚歸，不曾去了解生活圈以外的新事物。但當我在職場上最有成就之時，公司政策突然改變了，我預期沒有未來，所以決定辭去那份優薪工作。在那當下我才覺醒要認真去思考未來的出路。

個人相信天無絕人之路，再長的隧道也是有出口，再暗的黑夜也會有天明。老天爺真的很公平，他把我關了一扇門之後，又幫我開了另一扇窗，讓我在不同領域的貿易職場，開始擔負起財務會計之職。雖然有了穩定的工作，但內心常有個聲音不斷提醒我，職場如戰場，變數無處不在，千萬不能沒有另一個備胎！於是讓我開始想探索副業。

上班族如何找到適合的備胎？

在尋找副業的過程中，我發現，世上真的是有一群人活得像超人一樣。比如那些會寫程式的，他們能用一堆看不懂的代碼，寫出炫酷的網頁，接案賺大錢。但我不會這些啊！

再看看那些擅長設計的朋友，他們手握畫筆，電腦前刷刷兩下，就能輕鬆設計出令人驚嘆的圖像。無論是網頁設計還是海報製作，什麼都難不倒他們。而這些對我來說，不僅不熟悉，甚至連基本的設計工具我都摸不透。要讓我構思出那些複雜的版面或圖形，實在是太有難度了！

還有那些利用專業技能賺錢的高手們，外語流利、數理超強，他們下班後選擇當翻譯、做家教，賺得輕鬆又愉快。但我沒有這些專業，這條路對我而言，更是沒戲唱！

也有很多人去兼職臨時性的工作，比如：餐飲服務、賣場或便利店服務員、甚至做外送員或兼職駕駛…等，這些工作我可能體力有限，也無法適應，真的不適合我！

再看看那些擅長手工藝的，他們手中拿著工具，靈巧的雙手不斷忙碌，沒多久就能創作出精美的作品。從手作飾品到家居擺設，什麼都難不倒他們。而這些我不僅沒興趣，也不在行！

經過一番反思，我明白了這些高難度的副業，都不在我的能力與興趣範圍內，我想要的是：

1. 一個我感興趣，能讓我輕鬆上手的副業。

2. 最好只要簡單工具就能做，且隨時隨地就能搞定的。

3. 能夠帶來穩定的額外收入，而且是無風險的。

4. 不需要囤貨，無本或少本就能起家，壓力小的。

5. 符合市場趨勢，有未來發展的空間。

6. 最重要的是，它不會干擾我的正職工作。

認真考慮清楚之後，我決定選擇比較容易上手、沒那麼多花招、且能穩穩地賺到錢的網購來做副業。於是，我開始規劃時間，與排定作業程序，就這樣開始過上我的斜槓生活。比起那些高難度的副業，我的選擇或許不那麼酷炫，但它讓我很安心、快樂、充實，還能讓我的荷包持續鼓起來。

給上班族想要兼職卻沒有勇氣開始的

其實非常多的上班族也想要兼職、也想要多一份額外的收入，但又覺得兼職賺外快這件事，就像面對一座高不可攀的山，往往未開始做，就已經在擔心．．．．．．．．

擔心怎麼挪得出時間？

認為每天上班已佔據了大部分的時間和精力，回到家還

得面對一堆瑣碎事，根本沒有多餘的精

力去處理副業事。

擔心精力可能不足，無法勝任吧！

認為我的精力有限，怎麼可能應付兩份工作？也許剛加完班回家，還得熬夜處理副業的事，結果

不僅白天工作無法集中精力，晚上也熬到疲憊不堪⋯。

害怕要投入資金、無法回本、有風險！

因為手頭資金有限，平常生活開支都得精打細算，為了開啟風險不確定的副業，而要投入一筆

不知能否回本的資金，心裡自然會打退堂鼓。

害怕會囤貨！

有些平台確實是讓人感覺表面可以賺錢，其實踏入行之後才發現：那是超級業務手才可能做到的事，每月有責任額的

規定，為拿獎金要不斷地賣，當貨銷不出時，最後就囤貨了，屆時家裡可能就變成倉庫了。

可能也會擔心如：

能力不足、不善於言語溝通⋯。

無法適應新環境與新工作模式⋯等。

想要嘗試一個新事業，心裡難免會有以上的擔憂，尤其擔心耗時、耗精力和金錢⋯，這都是正常的反應。會有這些憂心是因為沒有找到合適的平台與正確的入門方法。所以，如能解決這些困惑就可以勇敢地踏出去了！

建議：選擇不需大量時間和精力的項目

1. 選擇運用手機就能運作的事，現在的手機就像一部行動電腦，走到哪裡都可以輕鬆做。

2. 選擇低成本甚至無本就可以開始的，也不會有風險。

3. 做好時間管理：為兼顧正職與副業兩端，要規劃出符合自己可行的時間節奏行事表。

所謂選擇大於努力，是提醒我們在追求目標時，選擇正確的方向和方法，比單純的努力更重要，因為有正確的選擇，才能夠讓我們的努力更加有效，及更容易達到期望的結果。所以朝這樣的方式來開始，就不會感覺有壓力或有風險。其實副業並不像想像中那麼可怕，如果連一步都無法勇敢嘗試著踏出去，怯步了，你就沒有機會創造出第二份收入了！

我目前兼職收入比正職多很多，是怎麼辦到的？

在這裡我要跟也想兼職的上班族說：

其實我剛開始跟大家一樣，如何開啟副業也都不懂，想到要賣東西賺錢，我也沒認識甚麼人，手頭也很緊，根本沒有額外的資金可搞其他投資。我唯一擁有的就是那股「我一定要有第二份收入」的強烈願望，所以我也是從 0 開始，一步一腳印邊學邊做出來的。我每天是運用擠出來的業餘時間，一路不斷的堅持與努力至今，我這份兼職網購的月收入，早已超越正職薪水非常多了。

我之所以堅持努力建立第二份收入，是因為我清楚隨著年齡增長，總有一天我會從正職退休。當正職收入不再時，我可以依靠第二份收入來穩定我的生活，不再為生活費煩惱，也不需要依賴兒女。這樣我能自在地享受生活，就像擁有一張人生的 VIP 通行證，隨心所欲地過我喜歡的高品位生活。

有人問我：「你是怎麼做到的？」

我笑著說，斜槓人生確實有點辛苦，但只要把時間規劃得當，每天仍然可以擠出許多零碎的時間，你會發現生活也能像精緻的三明治一樣，層次分明又美味。我的方法是：先把時間表設計得像是一場精心策劃的晚會，在每個時段都有特定的事和休閒時間。這樣生活起來就非常有節奏感，每天都過得有條理又有趣。習慣這樣的日子後，覺得比以前更充實、更有意義了！

所以，如果你也想開始兼職，但擔心時間和精力不夠，可參考我的方法來規劃你的斜槓人生，讓每天都能充滿精彩和有意義，生活會比你想像中的要輕鬆多了！

冷靜面對問題，保持理智找出解決辦法

在過程中，遇到各種問題是常有的事，不過當問題來襲時，首先就是要保持冷靜、要以樂觀的心態來面對，因為當遇到困難時，心情若亂了，思緒就像被打翻的調色盤，什麼顏色都混在一起，根本無法理智地解決問題。所以一定要保持冷靜，才不會慌，才能釐清頭緒，找到破解困難的辦法。

有時候，無論我們多努力，也可能遇到自己無法獨立解決的問題。這時，別害怕！請向有經驗的前輩們請教或向他人求助。其實求助人並不代表你弱，而是一種智慧的表現！

記住：失敗是成功的墊腳石，只有經歷過一次次的挫折，才能在成長中找到進步的方向。其實每一個問題，都是成長的機會！一段時日後，你回頭一看，那些曾經的困難和挑戰，就

會變成你寶貴的經驗和資源。

像我自己，每當遇到困難，我都告訴自己：「要做，就要做到最好！」，同時也秉持著積極的心態往前邁進，幫助自己在副業中取得了層層突破，因此我不再害怕挑戰。所以只要你也這樣做，一定能在副業的道路上越走越順，一樣也可從中獲得意想不到的收穫喔！

我一路走來，雖然經歷許多困難和挑戰，但這些過程已讓我變得更加堅強和成熟了。每一次困難的突破，每一個小小的成功，都讓我更加堅定地相信【努力和堅持】的價值。

超時工作沒加班費，你還能堅持多久？

現在很多公司都不再是朝九晚五的固定作息，許多上班族也常須加班完成上司交代的棘手任務。尤其在趕件時，白天做不完，帶回家熬夜完成，也是沒有加班費，頂多得到一點讚美。與其在無薪加班的辛苦中掙扎，不如學會在副業中找到新的收入來源，讓自己過上更有保障的生活。

明確的人生目標，激發內在動力

我們在生活中一定要有目標，生活沒有目標就會像汪洋中的浮船一樣，毫無目的地漂浮在大海中，不知身處何處，也不知開往何處去。 所以一定要好好的刻劃出明確的人生目標，因為目標它有一種無形的魔力，能帶給我們方向和動力，可以激勵我們不斷地往前邁進，讓我們能更有堅強的毅力，能克服一切困難，能充實的過好每一天，這樣的生活才有意義吧！

建議在工作還穩定時就要開始「建構備胎」

上班族的生活看似穩定，每個月領著固定薪水，每年享受著中秋和年終獎金，表面雖然感覺安逸，卻隱藏著不確定性的風險，就像有句老話："天有不測風雲，人有旦夕禍福。"也就是說萬一公司遇到經營困難,薪水可能就像快溶的冰淇淋，說沒就沒了。甚至有的公司在經濟不景氣時，可能只發給半薪，會讓生活突然陷入困境。

再看看新聞，一些大公司因為經營不善不得不裁員，那些被裁的員工就像被抹掉的鉛筆字跡，突然就失去了收入來源，如果沒有備胎，那可真是雪上加霜。這就是為什麼我建議上班族要在工作還穩定時，就要提前「建構備胎」，以防未來突如其來的風暴而影響到生活。

說到備胎，副業就是上班族最佳選擇。副業可以在不辭職的情況下就能進行的事，它就像在主業之餘偷偷增加的甜點，不會影響正餐，但又能為生活添一份甜蜜的收穫。

誠心建議上班族選擇副業時，選擇以少少的資金就可以開始來做的為宜。這樣的副業不僅可以靈活安排時間，也比較能輕鬆上手，還能穩定帶來額外的收入。我也是這樣做起來的喔！誰說一定要投入很多的資金，才能開啟副業之路。

溫馨提醒

無論生活有多麼穩定，不要忘記為未來多闢一條路。畢竟，人生總是充滿變數，擁有一個副業不僅僅是額外的收入來源，更是一種未雨綢繆的智慧。

選擇對的事、對的平台，很重要！

每個人想要的生活模式不同，我個人喜歡，

做能夠累積而不需再重來的事情

做我想做的事

做快樂有意義的事

畢竟人生有限，如不經思考，隨便選擇一個事業就做，當它不行時又須重新開始，再下一個又不行，又要再重來過，人生實在沒有那麼多的時間讓你一直重來。 所以選擇對的事、對的平台來做，就變得很重要囉！

如果是還在猶豫不決，不知如何開啟副業的上班族，可參考以上的建議，選擇適合自己的副業，不僅能為你帶來額外的收入，還能讓你的生活變得更加充實和多彩。還有在過程中無論有多少曲折及艱難，請都不要放棄。因為每一次的努力，都是對自己最好的投資，每一次的成長，都是對未來最美好的承諾。

希望能幫助更多人順利實現斜槓成功

近年來，許多行業因疫情和經濟波動而面臨巨大的挑戰，許多上班族也因此感受到不小的壓力。我一直致力於協助那些希望兼職的朋友們，分享我在斜槓過程中的寶貴經驗和所學。我希望能幫助更多有緣的朋友們，找到職場的新方向，逐步實現自己的夢想。

在斜槓的過程中，有效的時間管理至關重要。因為兼顧正職和副業需要精心規劃和高效利用每一分每一秒。合理的時間管理能幫助你在繁忙的工作和副業之間找到平衡，避免時間浪費，提高工作效率。這樣，你才能在兼職的路上走得更遠、更穩定。

因此，如果你也希望像我一樣，成功地建立穩定的額外收入，請本文首頁掃碼加我，送你"斜槓職人高效管理的秘訣"。

我的人生到底
為誰而戰，為何而戰？

蔡雨臻
臻愛香隨人脈變現導師

工作經驗多以銷售為主，曾在傳統菜市場工作，累積許多人脈和展場經驗。愛買、愛揪團，做了超過10年的團購。

目前從事芳療事業協助5百多人並協助家庭主婦開群組二度就業。也幫多家直銷公司人脈引流轉介紹。

line id：cindy650214
加我免費送
加我送線上精油抓周解惑

在高中畢業前我一直是父母師長眼中的乖孩子，對於我的未來我沒想法，在家聽媽媽的，在學校聽老師的…永遠照著她們的安排過日子，我也不是活潑的孩子。在團體裡我似乎沒有聲音，不會表達想法…

甚至高中時期班導還特別交待班長多多關心我～因為老師以為我是自閉兒！！

我就在被家人和師長的過度守護下長大。

但由於這樣沒有自我也很少與人接觸，再加上高中聯考沒考上大學～我告訴媽媽：「我想出去工作！！」其實是我渴望脫離父母的保護傘出去看看外面的世界！！

水瓶座 O 型的我應該是一位對生活、家庭和事業充滿熱情的人，但出社會的我面臨著生活的種種挑戰，沒學歷，沒一技之長的我，沒自信，沒底氣，加上父母因經濟問題吵到離異，所以我覺得有錢不是萬能，沒錢萬萬不能！於是為了突破現況都找服務業工作，曾做過超商店員，保齡球館盛行的時期也當過球場的服務員，電玩當道時期，也曾當過開分員…所以從那時開始認識龍蛇混雜的人士，上著我的「社會大學」！！但服務業的工作流動性大、風險也高，在一次工作的過程中遇上掃盪電玩大亨「周人蔘事件」，警界不乏有收紀的警察參與其中，那次事件還是 20 出頭小女生的我因為是現場工作人員，同樣被列進涉案人員⋯

人生第一次進警局做筆錄，住看守所

人生第一次進警局做筆錄、住看守所並和女毒販關同一個空間一晚！！年輕的我看到了社會陰暗的一面。當時我想著："我不就只是為了工作賺錢嗎？" 不會賭博我，連家庭麻將都不會的我，竟有"賭博罪案底"⋯

在經歷過職場上的迷茫、我開始發現學習的重要性。我去了巨匠電腦補習班報名學電腦，就在那時我人生中的貴人出現！！招生人員也是該家門市的店長和我相談甚歡，問我想不想像她這樣穿著正式得體的套裝在這百大企業工作！！當下的我欣喜若狂，瞪大眼睛盯著她詢問：「妳認真嗎？我可是高中畢業,沒有專長,重點我電腦只會開機啊,其他全不會！！」她說:「因為她們要展店所以需要找門市,她看我跟人講話保持笑容,讓人舒服！是她需要的人！！」結果我就很幸運的還沒學會就開始我從未接觸的領域！

在有規模的企業工作，又有提攜我的主管，原本一帆風順…

民國88年當時24歲的我，在良好的環境被灌溉成長，接觸到的人都是比我優秀、良性競爭的對象！因為工作內容是櫃台招生，幫前來諮詢的學員提供建議，慢慢得從中培養自己的觀察能力和應對能力，也結交了不少客戶朋友，成為日後對我人生幫助很多的人。但人就是這樣，在順境太安逸，有時就會受到一些誘惑而想改變生活！！

當時因緣際會結識了一位做直銷產業的人。在民國91年的直銷動不動就要刷卡買貨上聘…想快速致富的我，開始不切實際幻想一步登天…把所有能辦的銀行信用卡，現金卡（當時最有名的"喬治瑪莉卡"～俗稱：借錢免還（台語）…）以卡養卡惡性循環…一直做著我的春秋富貴夢…想賺錢讓媽媽過好日子…結果舉債高築！

負債累累，成為卡奴，還讓媽媽替我面對銀行催款

我想讓家人過好日子，結果還拖累她們，當時我有一段時間躲在家中不敢出門！當時我整個人對未來完全困惑茫然，不知何去何從？

學習面對自己種下的果

以前都是睡到自然醒的我，開始每天凌晨天沒亮就要起床到傳統菜市場叫賣！！

現實的打擊將我引領走進環境惡劣臭氣薰天的菜市場，我不得不面對！每天從天未亮雞剛叫頂著高溫日曬，天冷難耐，開著廂行車穿梭在大大小小的市場,面對的族群更是人生百態。但也就是因為在這樣的環境,我培養出堅忍不輕言放棄的個性，

從前在家中嬌生慣養的小公主，飯來張口的大小姐，為了不讓媽媽再擔心，我學習面對自己種下的果，為了賺錢還債，我學會忍耐，學會圓融待人處事，也在這過程中，結識了不少好朋友，有的是跟我買東西的顧客，有的是擺攤的左右攤商，每個人都有自己的故事和難處…但就因為這樣更會互相幫忙惜緣！

還債人生的我根本沒想過婚姻

還債人生一做進入第六年，在我 33 歲時市場的朋友說要介紹男性朋友給我，她跟我說人生還是需要伴侶。沒想到這樣的相親方式，我認識了我的老公！從未見過面的我們，他竟然用一通電話，一瓶飲料，一場電影把我們綁在一起…年齡相近的我們挺有話聊，他為人正直，認識沒多久就跟我說他的過去和狀況…他也因為錯誤投資有債務在身！也許因為自己這樣我也不敢有婚姻，只想有個談心解悶的伴，加上兩人情況相近，所以惺惺相惜，互相取暖吧！

孩子的到來讓我更積極面對人生

和老公當時只是交往不打算結婚,沒想到不到一年我懷孕了,突如其來的孩子讓我打亂了既有的生活,當時我已34歲,要不要孩子?養不養得起?讓我陷入憂鬱!在如何兼顧家庭與事業上掙扎不已。老公的一句話:"孩子選擇我們當她的父母也許是幫我們開啟另一扇窗!" 於是為了一個新生命的即將到來,我們更努力的工作,我挺著愈來愈大的肚子依舊早出晚歸到市場工作,還好大女兒真的是我的天使,懷胎到 8 個月肚子已像顆大球,都沒有太多的不適。直到生產前兩個月我才在家待產!「為母則強」這句話在我生下大女兒時落下的眼淚我明白了…做完月子滿月我趕緊找保姆帶孩子,我和老公繼續我們的還債人生和為了我們共同的家努力賺錢! 忍受著一個星期只能看到剛出生的寶寶!我知道我要更努力! 意外的事,我隔年又生了小女兒! 結婚,孩子這樣的人生大事,我們在不到兩年時間全部填滿人生!

為了不想錯過孩子的成長該轉型了！
馬路轉戰網路...

由於兩個孩子如果都交給保姆，我們除了看到孩子的時間不多，保姆費的負擔也重，所以和老公商量之後，決定我在家照顧兩個孩子，老公繼續在市場擺攤！感謝這麼長的時間在市場累積的人脈和經驗，所以我有很多的門路和機會，在家帶孩子的時間我做起社區團購。我的資源很多，市場的商品我幾乎都能拿到成本價，我試著轉移我的銷售地點，由馬路轉到網路！我開群組在住的社區裡幫鄰居揪團代購，開啟我的團購人生！因為我住的是大社區有一千多戶，可想而知人潮也是錢潮！可能因為我拿到的貨品都是第一手，成本低，相對的她們也能買到比市售便宜許多，也或許是看我帶著兩個幼兒產生的憐憫心，總之，我在社區的團購生意也做出不錯的口碑也得到許多轉介紹。但生意愈好，發現根本時間是不夠用的，每天上商品，統計數量，訂購，還要跑很多廠商那載貨，回來還要理貨，發貨…一條龍我都自己包辦，當初要陪孩子成長的想法似乎達不到。還沒上幼稚園的孩子常常在一旁等我忙完陪她們睡覺卻往往等到趴在地上就睡著了。常要回客人訊息，一碗熱飯吃到變冷飯…家裡也被我堆滿了團購的貨品，生活品質變得不好，我開始忙茫盲…

整合人脈變現讓我時間倍增

在我團購高峰忙到像八爪魚時，我樓上的鄰居一句話點醒了我！他說，妳的時間再多就 24 小時，妳既然有商品，有人，為何不把妳在做的事找人一起做，協助其他跟妳一樣的家庭主婦或寶媽？ 我開始學習一些帶團隊的商業模式、透由複製系統教導這些跟曾經的我一樣的家庭主婦甚至上班族想斜槓的，我自己也向一些成功人士請教。

> 如果沒找到一個睡覺時還能掙錢的方法 你將工作到死

成就他人同時找到自我價值

在這個過程中，我逐漸找到自己的定位——不只是單純賣產品，而是通過建立深度人脈關係、運用網路策略來賺錢。幫助更多人的同時也一步步找到自己的價值，並開始具體規劃如何運作。

隨著市場競爭激烈、淘寶，蝦皮等大型電商崛起，個人的團購產品銷售不如預期、大吃小的狀況。這些挑戰促使我不斷反思與調整，尋找更有效的策略。我開始透過團購聚集志同道合的人，將這些人脈轉化為一個強大的社群，並結合網路行銷技巧，實現了從零到百萬的淨利突破。

現在我是臻愛香隨人脈變現導師

有了成功模式之後，我並沒有停下來，而是思考如何幫助更多人複製這個成功經驗。我發現，許多身邊的媽媽們由於家庭責任無法自由工作，但她們同樣渴望創造收入，提升生活品質。這讓我萌生了一個想法：透過網路平台與團購行銷的結合，幫助這些時間不自由的人也能賺錢。於是，我建立了一個支持系統，並開始系統化教學，幫助一群寶媽們一步步實現收入翻倍的夢想。

今天帶著臻愛買大團媽蔡雨臻+撤衣揪伊（me）
來拜訪日本貨團媽、
一見如故太會聊了、原來我們有太多的心路歷程是相同的
加上年齡相仿、聊到天南地北、聊退休規劃
沒有正視問題就是迷迷糊糊過日子
這不是我們要的人生
希望未來的日子有機會能相輔相成一起向前進。

首先今年對自己交代就是重拾書本唸書去、跟雨臻要去當同班同學一起進修去、路上有妳有我、互相督促不能偷懶。

#財富自由時間自由
#規劃你的下半場人生
#重拾書本當學生

📷特別的雜誌專訪初體驗📷
雨臻姊兒閃亮亮的💎鑽石榮耀，照亮我的未來，能夠一同參與拍攝專訪，真讓我開心的睡不著😂😂因為有妳讓我的未來更有色彩，因為有妳帶領著我往健康的道路上，謝謝妳雨臻☺️
你我認識6年，一路走來經歷許多事情，現在看到妳的成功，替妳高興😊我也沾光分享到妳的榮耀☺️

這半年和雨臻姊兒、夥伴們一起共同經營一份健康的事業。在團隊裡我們相知相惜、彼此鼓勵、茁壯成長🤗

　　過去的我從不擅與人互動，甚至被老師以為是自閉兒需被關心的人到如今把學生時期的同學會是我幫大家連結在一起⋯過去在團體中是無聲有如隱形人到現在是朋友心中人脈對接結合串連的橋樑⋯協助無數家庭的改變生活品質，許多曾經在經濟上受限的媽媽們，通過我的指導實現了財務自由。她們不僅能在家照顧孩子，還能透過網路穩定賺錢，甚至成為了家庭的經濟支柱。

　　分享是快樂的，締造共贏的生態圈，分享不僅是團購行銷的核心，也是建立長久關係的關鍵。只有互相支持、彼此成就，才能創造共贏的局面。

「臻愛香隨人脈變現導師」正是建立在這個理念上，這也是為何我的團隊能不斷成長、茁壯的原因。

對的時間遇到對的一群人～
全網贏銷帶我們少走彎路

如今我們又很有幸得搭建在 Caro 老師帶領的全網贏銷學院，學習更多網路開發、優化引流系統。我相信未來的市場充滿機會，只要堅持初心、持續學習，我們都能在這個變化多端的時代中不斷前進。

平常抓潛培養人脈變現是零成本的捷徑

人脈變現的無限可能～無論是什麼背景，只要找到對的方法，運用好人脈，每個人都能透過網路變現，實現人生價值。我的經驗不僅是翻轉人生的象徵，更是一條可供他人效仿的道路。我希望透過分享這些經驗，激勵更多人加入這個共贏的行列，共同邁向財富自由的未來。

透過我的故事，創造你我的啟點！

如果你需要找合作廠商或找活動禮贈品我都可以幫您轉介紹提供您管道！

歡迎到本文首頁加我送：線上精油抓周解惑

傳統市場中的美容師
如何讓女人重拾自信

黃雅涵　涵姐奇肌

以專業美容知識結合人脈,實現了傳統市場和網路行銷的雙重成功。

短短3個月,輔導團隊每人月收入破10萬以上!年薪破佰萬!

我希望幫助更多人獲得技能,從而開啟人生的新篇章。

Line id : show3301
加我
免費修開運眉

擺脫家庭主婦角色：黃雅涵的 16 年美麗之路

很多人問我，黃雅涵，為什麼你會堅持在傳統市場賣化妝品 16 年？

這個問題其實很簡單，這一切源自於我最初的一個決定。當年，我只是一個沒有一技之長的家庭主婦，生活圍繞著家庭與孩子，渴望擺脫單調的日常生活，想要找到屬於自己的價值和事業方向。

16 年前，我決定應徵成為化妝品市場銷售員。那時，我並沒有太多的專業知識，只知道自己渴望改變。儘管身邊的親友對此有不少疑慮，甚至有人反對，但我依然堅定選擇走上這條路。原因很簡單，我看見了那些外出買菜的婦女們，她們為了家庭忙碌，常常忽略了自己，對保養與化妝知識缺乏了解，面對鏡子時，常常感到無助與自卑。

我希望能改變這個現狀。於是，我開始努力學習護膚和化妝的專業知識，了解如何讓皮膚煥發光彩，並逐漸掌握了各種化妝技巧。從那時起，我就不僅僅是賣產品，而是用心服務每一位顧客。我為那些在市場裡忙碌的婦女們提供簡單實用的護膚建議，告訴她們如何使用正確的保養品，如何通過簡單的化妝來提升自信，甚至在日常生活中保持美麗。

隨著我與顧客的互動增加，我們之間不僅建立了買賣關係，更形成了深厚的信任與友情。我看著這些婦女們因為護膚和化妝而煥然一新，內心充滿了成就感。她們不再只是為家庭忙碌的主婦，而是擁有美麗與自信的女性。每當她們開心地告訴我護膚效果或妝容改變了她們的生活，我都感到無比的欣慰。

這份事業給了我無限的動力，不僅讓我自己逆齡煥發，也幫助了許多婦女重新找回了自信和光彩。我堅信，美麗不僅僅來自外表，它更是一種內心的力量，能夠讓每個女人在生活中綻放出屬於自己的光芒。

從那時開始，我不僅改變了自己，也在這份工作中找到了新的方向。我從做中學，加深了美容護膚的專業知識，不僅讓自己的皮膚達到了逆齡的效果，還獲得了經濟獨立，甚至帶來了內心深處的滿足感。這讓我更有動力繼續這份事業。

如今，我已經成為一個在傳統市場賣化妝品 16 年的專業美容師。我最大的快樂來自於看到那些來市場買菜的女人們，因為我的建議和產品，讓她們的皮膚變得更加漂亮，生活也變得更加自信。市場裡，我的攤位總是充滿笑聲，因為我知道，我不僅是在銷售化妝品，更是在幫助這些女人們找回她們應有的美麗和自信。

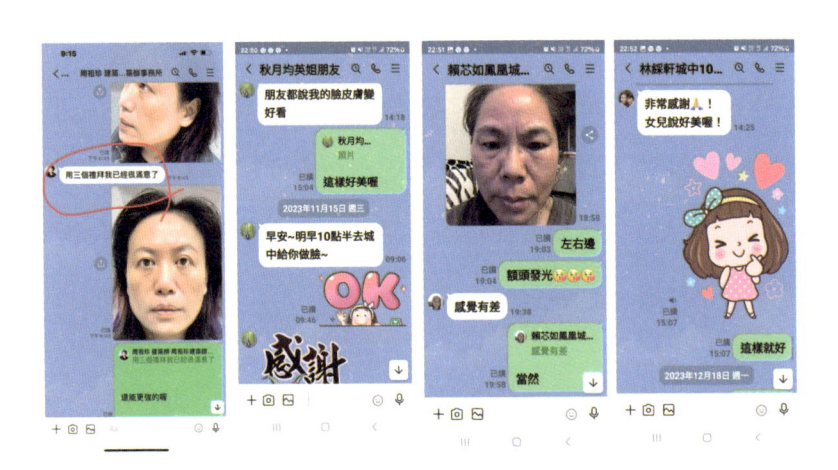

這就是我堅持這份事業的原因——我在這裡找到了熱情，並且每天都在用我的專業知識，幫助更多的人變得更美好。

從市場攤位到網路行銷，美麗事業的成長之路

我的皮膚因為使用自家保養品而逆齡，這讓我在市場裡不僅是賣產品，更是用心幫助像我一樣的女性變美、變得更自信。

婦女們來市場買菜或逛街時，常會進來我的攤位坐一坐，聊聊家常，並順便學一些化妝護膚的小技巧。我還會幫她們了解自己的皮膚種類，以及如何選擇適合的產品。這樣的互動，讓我們彼此建立了深厚的信任關係。

隨著口碑的逐漸累積，我不僅僅是幫助她們改善外表，更鼓勵這些婦女掌握一技之長，讓她們知道可以用自己的雙手創造美麗的人生，從而增加自信與財富。有一些客人因此開了自己的美容工作室，非常開心。

但我也知道，光靠傳統市場和技術還不足夠，必須結合網路行銷的力量，才能真正擴大影響力。

於是，我開始學習各種網路工具，進行推廣與行銷，教大家如何成為自己品牌的代言人。我深信，無論是在線上還是線

下，最重要的永遠是真誠的服務和對客戶的關愛。我特別強調提供「有溫度的服務」，讓客戶感受到關心與支持。

這些年來，我手把手帶領了許多女性改善了肌膚狀況，有人成為了社區的護膚顧問，有人利用學到的技能成功開創了自己的工作室。看到她們因我的指導而變得自信、獨立，我的內心充滿了喜悅和成就感。這正是我堅持這份事業的最大動力。

傳遞愛與美麗，一生守護的美麗變革事業

16 年，一生守護的美麗變革事業

在過去的 16 年裡，我一直專注於三個方面的努力，這不僅是我的事業，更是為美麗與健康全力以赴的使命。

首先，我參與了一個深受國際認可的品牌，該品牌受到了許多國家元首的支持，並成為亞洲華人首選品牌之一。它的護膚科技幫助無數人解決了皮膚衰老問題，為大眾帶來全新的護膚體驗，讓許多人重拾自信與美麗。

其次，我所在的團隊已發展壯大至 100 名專業人員，服務超過 50 萬名客戶。我們始終以客戶的需求為導向，提供專業的護理服務，不僅讓肌膚煥發新生，也為客戶的內心帶來滿足與安心。

最後，我們的目標是將愛與美麗傳遞至全球。我們不斷反思和改進，優化服務流程，實現了零客訴的佳績。我們不僅提供產品，更傳遞著對客戶的深切關懷與信任。

對許多人來說，這可能只是一個保養品品牌，但對我而言，這是一份需要守護一生的事業。這場美麗變革已經改變了我，也將繼續改變無數人的生活與信心。

感恩與堅守，我的美麗事業之路

回首這些年來的風風雨雨，每當收到客戶發來的感謝訊息，我的內心總會湧起一股深深的感動。能夠見證你們在我們產品中獲得的變化與成長，讓我更加堅信自己選擇的這條路是有意義且充滿價值的。

我感恩每一位相信我們、選擇我們的客戶。其實，與其說我們幫助了你們，不如說是你們成就了我。這份信任成為我繼續努力的動力，驅使我不斷追求成長，成為更好的自己。我承諾，未來 5 年，我將竭盡全力為每一位客戶提供最好的服務，為每一位團隊成員提供最好的支持，與大家一起成長，共贏未來。

這些年來，我在傳統市場裡不僅僅是賣化妝品，而是在傳遞一種可能性——讓每一位女性能夠掌握自己的命運，實現更美好的生活。我相信，每一個人都能通過學習獲得技能，從而提升自信，擁有獨立的生活。

每週四、五、六，我依然會在台北城中市場與大家分享我的知識和經驗。我相信，只要有一顆願意學習的心，再加上一支手機，任何人都可以創建屬於自己的事業。我希望透過我的熱情與愛心，能幫助更多人發現自己內在的潛力，實現屬於她們的奇蹟。

我是涵姐，歡迎到本文首頁加我，免費修開運眉

客戶的信任與感謝，精油芳療如何陪伴他們度過困難時刻

聊癒瑩子　芳療擺渡人

聊癒瑩子，銀針體質芳療師

紐西蘭復健式律動按摩芳療師

平均一個月服務70位個案，

明年才預約的到

line id : jessamine1006

加我免費送：

20分鐘精油抓周諮詢

20分鐘性格特質諮詢

大家好，我是聊癒瑩子，一位兩個孩子的母親，擁有豐富的生命數字律動解密經驗，並在這個領域深耕了 25 年。透過生日數字的解讀，我成功幫助無數個案走出陰霾和困惑。

作為一名資深的身心靈芳療與身體工作者，我已經累積了 20 年的實務經驗，並且是紐西蘭復健式律動按摩手法的創辦人。至今，我已完成上萬次的身體療程、臉部療程以及精油諮詢，持續致力於為個案提供優質的療癒服務。

我的專業背景還包括：

・德國芳療協會認證的芳療師

・英國巴哈花精全球諮詢師

・靈性彩油諮詢師

・紐西蘭復健學院學習證

・方圓一胍中醫初階進階金匱班完成班

・方圓一脈陳氏老架太極完成班

・持有丙級國家美容証照、乙級國家美容証照

多年來，我運用多種專業知識和技能，幫助每一位個案找到身心靈的平衡與健康，並提供個性化的療癒方案，讓他們走向更美好的生活。

銀針體質的我，在食衣住行上，對人體有危害的食品及商品都會儘量避開，也常幫個案、客人及夥伴試產品、選物。自己的五感都很敏銳，從小的感知力很強，也比較有同理心。

「狗鼻子」的警覺力

我天生就是狗鼻子，常常不自覺自然反應嗅到危險。有一天的傍晚，在先生舅舅家，我突然聞到一股濃烈的瓦斯味，先生說我發神經，我很確定是瓦斯的氣味，後來先生拗不過我，只好請舅舅檢查瓦斯爐，舅舅說：不可能，因為今天沒開伙，我還是跟舅舅說：是從廚房傳來的，舅舅進廚房後，緊急跑到後棟去跟鄰居說他家的瓦斯外漏，原來是舅舅家後棟鄰居跑去倒垃圾，以為是一下下的時間，爐上的綠豆湯沒關火。鄰居

特別感謝舅舅的告知，真的是虛驚一場。

同事從我身邊走過，我跟她說：你快感冒了，要多喝溫開水，同學嚇到：你怎麼知道的？狗鼻子的我，就是會嗅聞到身體有害的氣味。

父親是私傳的中醫師，外公是拳頭師，秘方藥膏都是要自己親自製作，母親是長女，都要幫外公採草藥，熬草藥，製藥膏，我想我的血液裡的細胞，就存在芳療師基因。

生了兩個兒子後，發現兩個兒子跟我一樣的體質，吃西藥會過敏、會有副作用，當了芳療師的我，秉持著療癒別人要先療癒自己的原則下，兩個兒子也是我的療癒個案。生活中，徹底執行用天然產品、吃原形食物、用自然療法淨化家人的身、心、靈。我不是什麼保護地球的號昭者，但都使用無污染的家用產品，這是我能做到儘量不傷害到地球的小小愛心行為，我熱愛分享生活裡的安全產品。

橙花般的信任，洪小姐的療癒體驗

洪小姐第一次來工作室的那天是傍晚 05:30，洪小姐準時出現在工作室門口，穿著日系仙氣風格的小洋裝，大捲髮垂在肩上，溫柔的對著我說：我要找瑩子老師？我就是，我馬上帶她進入療程室裡，先精油抓周咨詢。洪小姐是一位溫柔婉約，說話總是輕輕地、慢慢地的訴說，她總會娓娓道出她內心裡的話，從不在我面前藏私，很信任我的專業與認同植物的能量補給，有一次我在療程前對她說： 你好像蔡依林哦，別誤會哦，我雖然是芳療師，但我非常喜歡蔡依林的職人精神，蔡依林說的那句話 ： 別人以為我是天才，但我不是天才，我是地才，所以我要比別人更加努力。洪小姐對著我笑笑的說 ： 我也很喜歡她，說真的，還挺像的，我跟洪小姐對看而笑。在我心裡，洪小姐跟蔡依林像的不只是面貌，更是她們對自己要求完美、擇善不固執、會挑戰自己極限特質的女人，她的語氣是溫柔的，但她的眼神是清楚、明亮的，沒多久，洪小姐跟我變成無話不說的好友。

洪小姐：感謝芳療中的陪伴

"我與瑩子的緣分起源於七年前身懷二寶的我，敏感、細膩、好勝、希望工作與各種角色都扮演得宜的我，很需要藉由身心靈療癒放鬆，來隨時調整我自己達到平靜且正向的狀態。我感到很幸運也很幸福，能遇到瑩子這樣一位在芳療領域學有專精仍舊不斷精進的芳療老師，基於全方位照顧客戶的初心，從芳療為中心出發，同時也鑽研美容、中醫養生之道，更是研究生命靈數的專家，這般致力於把專業做到極致，是所有遇見瑩子的客戶們的福氣，為大家的生活增添一份專屬的美好。

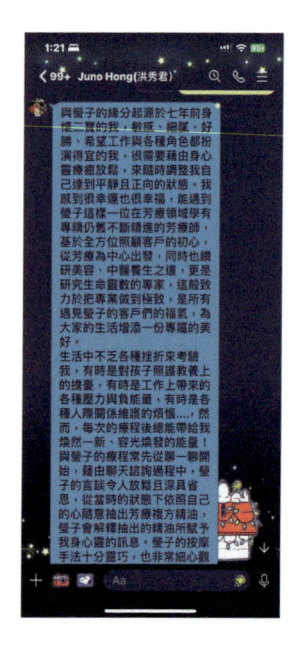

生活中不乏各種挫折來考驗我，有時是對孩子照護教養上的擔憂，有時是工作上帶來的各種壓力與負能量，有時是各種人際關係維護的煩惱....，然而，每次的療程後總能帶給我煥然一新、容光煥發的能量！

與瑩子的療程常先從聊一聊開始，藉由聊天諮詢過程中，瑩子的言談令人放鬆且深具省思，從當時的狀態下依照自己的心隨意抽出芳療複方精油，瑩子會解釋抽出的精油所賦予我身心靈的訊息。瑩子的按摩手法十分靈巧，也非常細心觀察我的身體語言及反應，她總能用適當的力道與手法避開我怕癢的地方，仍能達到肌肉與筋絡的放鬆效果。療程中每每分享彼此的想法與日常生活情形，因而更信任彼此，我也更放心把自己交給瑩子，瑩子的療程不僅止於療癒和照顧，更是協助我找回內心強大且平靜的自己，瑩子，謝謝妳，有妳真好！"

洪小姐像極了橙花，淡淡的清香，夾帶著果皮的氣味，這氣味讓人充滿安全感、信任感。在橙花面前，可以放心的放下所有的防備，尤其是自己面對自己的不確定、不信任的防備。橙花的能量，那淡淡金黃色的光芒，可以放心地把自己交給自己，好好地休息片刻、睡上一覺。有橙花在，就是：你放心，有我在。

從早產到安心，真正薰衣草帶來的療癒旅程

留著一頭精幹俐落的短髮，性感剪裁的套裝，像是從雜誌

走出來紐

約時尚風上班族女郎。

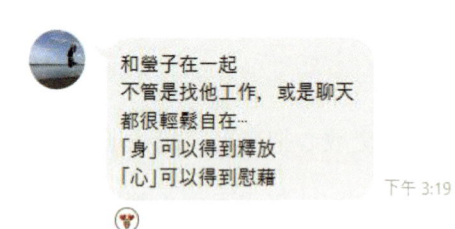

> 和螢子在一起
> 不管是找他工作，或是聊天
> 都很輕鬆自在…
> 「身」可以得到釋放
> 「心」可以得到慰藉
>
> 下午 3:19

黃小姐當初來找我時，是懷第二胎的高齡產婦，總是一直擔憂懷孕，後來早產，我當她的作月子顧問，讓她作月子時，奶量很多同時也保持好身材，最重要是讓她不陷入莫名的恐慌，調配與母親有關的情緒平靜的精油，以真正薰衣草精油為主調，真正薰衣草象徵母親的懷抱，在黃小姐一直不斷在譴責自己的狀態下，我選用真正薰衣草做情緒陪伴及按摩身體用油，真正薰衣草特殊的化學結構芳香分子，能讓糾著心的黃小姐，放寬心的作月子，月子作完時，她的寶貝女兒雖然還在保溫箱裡，但她坦然面對了。現在，她的小女兒已國小五級了，活蹦亂跳，是位美麗有氣質空靈的小才女。

當芳療師是老天爺牽的線

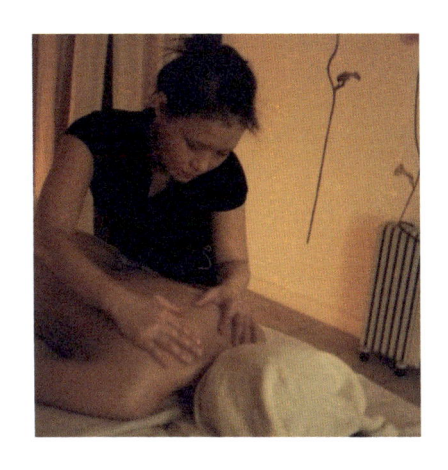

35 歲的某天下午，家裡的電話響起，電話那頭傳來高中同學 RIVER 的聲音⋯

他問我，"你姐姐是不是美容院的店長？"

我說：是啊

他又接著問，"那你姐姐有沒有想要美容師轉成芳療師？

就因這通電話，我介紹姐姐去應徵芳療師，當儲備店長。姐姐在職前訓練的時候，基於放心不下的心情去探班。姐姐問我："你不是一直想當芳療師嗎？" 我就這麼在一個不經意的情況下，同學安排面試了 3 小時後，我就成為芳療師了。

當了伊聖詩第一屆芳療師，被稱為奇蹟型的芳療師，因為在半年裡，每個月都預約滿滿平均 70 位個案，預約療程得要到隔年才預約的到。在伊聖詩，我個人還包含靈性彩油咨詢、花精咨詢、純露正確使用方式指導、精油正確使用方法指導、陪伴情緒整理。

伊聖詩周年慶，透過英國巴哈花精，120 分鐘內咨詢了將近 20 位各大媒體記者及總編輯，讓花精量子能量平衡個案當下的身體與靈魂的內在衝突。

我自己認定的芳療師是要熟悉植物能量及功效，懂得情緒的陪伴，正確使用精油，透過咨詢解析精油能量語言，調合在植物油裡，讓客人深呼吸嗅聞，可立即產生有助情緒放鬆、人體肌肉放鬆的神經傳導物質。

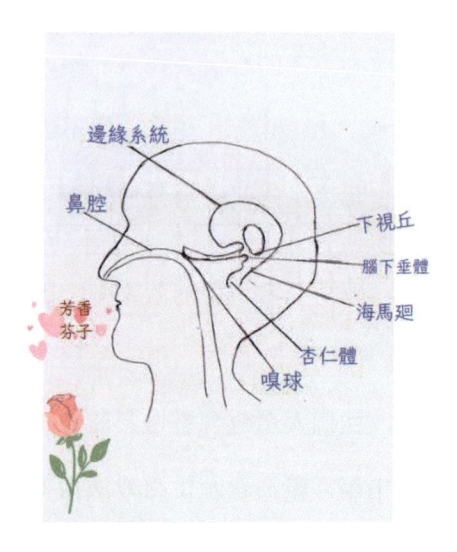

記得有一位家裡開麵館的小女生，哭著來找我，訴說著她的父母是強勢與控制狂，她邊訴苦，我邊抓精油瓶讓她嗅聞，透過精油能量的情緒陪伴，她在整整哭訴了一個小時後，對

著我說：我現在肩膀好鬆哦，老師，謝謝你的咨詢與陪伴，我現在心情好舒服哦，我覺得我已經不需要按摩了，超可愛的小女生。

所以，我真的好喜歡用植物裡的自然氣味、精油芳香分子、植物油能量來療癒身體跟心靈，自然療法太美妙。

永久花調的心理咨詢師林小姐，從疲憊到重生

瑩子，真的太感謝你了，你的紐西蘭復健式律動式按摩幫我處理掉我的右腰酸跟左邊屁股痛,本來卡住了，現在好很多，順暢多了。我有照你的話，每天起床會抹永久花精油的按摩油，睡前抹放鬆精神及補氣的佛手柑精油、永久花精油跟穗甘松精油，調入在初榨冷壓橄欖油，現在每天精神確實比以往還要飽滿。你交待在房間薰香要提前 15 分鐘點上苦橙葉精油，現在睡眠品質也比以前好。

這是一位在某大學裡擔任心理咨詢老師的林小姐，她透過朋友介紹找到我。記得那天是上午 9 點，我在工作室門口迎接

她的到來，她出現在我面前時，陽光灑落在她那頭烏黑亮麗的長髮上，她留著法式瀏海，全身上下充滿著歐洲女人浪漫氣息與知性魅力。

療程開始前，會先精油抓周，為什麼要精油抓周？我是深信每一個人都會有自己守護神的芳療師，守護神會透過抓周來告訴自己要注意的事項，通常都是告知身體健康的訊息。不例外地，林小姐抽到的精油的訊息是：她不僅在學校是心理咨詢老師，還是幫先生一起開創事業的老闆娘。因此，精油訊息告知她的第一脈輪（PS1）都透支了，使她的舊傷更加不舒服，第六脈輪（PS2），也就是掌管理智區的左腦很耗弱。

其實我們自己的身體都會知道我們自己身體都需要用什麼種類的植物能量精油，來補充自己的身、心、靈。我的角色就是解讀植物能量語言，及用雙手及氣脈來調整客人身、心、靈平衡。

楊小姐像極了科西嘉島上的悍衛土地的永久花，她果敢、肯定，黑白分明，沒有灰色地帶，扶弱抑強、實事求是的個性，在楊小姐的世界裡，做對的事很重要，要正派、正向、不怪亂神、講求證據的楊小姐，感覺上，她是直來直往的對話，其實她的內心比誰都還軟。像極了永久花特質的她，第一次嗅聞氣味，會讓人嚇一跳，但知道她是療癒力超強時，就會愛不釋手，去傷疤、去瘀是無與倫比的厲害，不論是在身體上的修護、心靈的療癒。

PS1: 第一脈輪的臀根連著大腿鼠膝淋巴（腹股溝）：此部位的出現狀況（有力或無力、鬆動或緊繃），對應行動力、實踐力，是否夠有效率。

PS2: 第六脈輪： 在印度梵文裡，眉心輪（ajna）是在兩眉頭中間，就是為人所知的創造性觀想。

紐西蘭復健式手法按摩

紐西蘭復健式手法按摩，用解剖學的概念，加上律動傳輸力道，按摩解除因焦慮讓肩膀緊蹦、因恐懼讓腰變僵、因憂傷讓上背縮成團、因緊張讓橫隔膜失去彈性，再搭配植物能量的精油按摩身體，整合身、心、靈。

　　那年我在伊聖詩的第二年，隨著公司舉辦的藝術之旅去了法國。到法國巴黎已經是晚上了，黃副總點了餐點，慰勞我們三位 spa 館的芳療師，吃完餐點後，黃副總突然說他的腰很不舒服，經理就跟黃副總說：剛好我們 spa 館的紅牌芳療師在現場，可以幫黃副總處理腰疼。我抱著感恩黃副總請吃晚餐的心，剛好隨身帶著消除疲勞的按摩油，在眾目睽睽的情況下，處理黃副總的腰痛。結果，黃副總問我：這手法去哪裡學的？我跟黃副總說：公司的手法啊。黃副總不相信我說的，質疑地又在問我一次：這手法到底在哪裡學的？我還是回答：是公司的手法啊。其實我早就把我的經驗加上我靈活運用肢體動作，創造出紐西蘭復健式律動按摩手法。直到今日，從國外回來的客人，總是會跟我說，真想把你帶出國，哈哈哈。

甜橙．保持赤子之心的
雞肉量販商老板娘賴小姐

賴小姐是位保持赤子之心的女人，清湯掛面，戴著眼鏡，開口、閉口都姐姐、姐姐地叫著我，有任何心事、任何疑問時，她都會像孩子一樣地問著我，然後很自責地覺得自己常常做錯事地難過。大部份的孩子，都是如此，會希望世界可不可以只有好玩的事，不要有衝突、不要有煩人的事，但只要出現不愉快的氛圍時，小孩們，幾乎都會認為是自己做錯事了，所以才會出現不愉快的氣氛。她預約時，已經評估過好幾位的芳療師，最後決定了跟我預約，後來她跟我說，發現我跟她一樣，都喜歡單純人，這或許是吸引力法則吧，會吸引到同質人兜在一起，後來，賴小姐不僅是我的忠實客人，還是我臉部手法學生及生命數字旋律密碼的學生，好愛單純的女人。

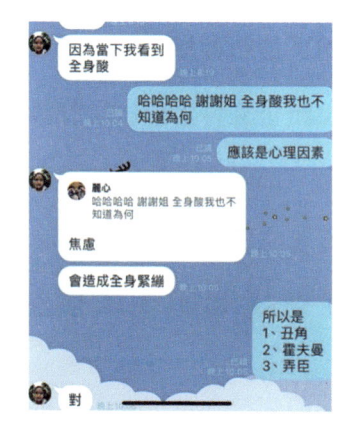

賴小姐的用油，著重在芸香科的精油，也就是常見的果皮類精油，個性像個孩子，喜歡單純生活個性的人，很適合用果皮類精油。賴小姐還買療程送給她先生當生日禮物，先生在精油抓周時，連結到已逝的母親。先生抽的精油是跟母愛有關的用油，他很想念他的母親，這份思念放在很深處，我調配愛的付出的玫瑰精油加上療癒深層悲傷桔葉精油、細膩脆弱的羅馬洋甘菊精油來安撫這份思念，那天晚上七點時，所調配的思念母愛的按摩油。

像賴小姐的甜橙精油，是可愛的、不記仇的甜橙精油，像孩子跌倒了，哭一哭、拍一拍灰塵後，繼續玩耍、繼續大聲的笑。像小孩一樣，不記得父母的怒氣，只要父母開心的笑，孩子會立刻忘記剛剛臭臉的父母，永遠都是拍一拍就沒事了，所以在減肥時，千萬別嗅聞甜橙精油，因為很容易告訴自己：沒關係，下一餐再減。

天使般搖曳著的茉莉，見到我的偶像三棲影后

酷愛茉莉的她、完全就是茉莉的化身。總是隱藏在百花後

方，雖然第一眼不會馬上看見她，但她的氣味，總是第一個被聞到。雅緻的氣味、優雅低調花的身影，是天使般搖曳在微風裡，影后就是這麼的優雅。茉莉精油是這麼有自信，自己療癒自己、自己鼓舞自己、自己賞識自己，無須他人認可，清涼降心火、回春、保持童顏面膚全方位用油。

這位影后是客人介紹而來，客人特別交待，怕她找不到，要我在大門口等她。那天下午 3:30，夏天，她穿著一件露肩酒紅色的長洋裝，酒紅色更突顯她白皙的肌膚，戴著一頂時髦的草帽、墨鏡，手裡抓著一條嬰兒用的紗布手帕，隨時擦拭冒出來的汗珠，輕聲細語的她，行事非常低調，仍然掩蓋不住她那風姿綽越的光芒。進了工作室，引領她到沐浴間時，我突然間認出她，當場變成一位小影迷，她非常可愛的回答我：我不是她，我也是她的影迷，但我真的不是她，我馬上收回我的熱情地說著，好的，抱歉，繼續介紹沐浴設備。

當我見到背部肌肉線條時，完全展現出她是很認真、很盡業精神的藝術職人，我由衷佩服她的意志力，她的工作常常需要熬夜、趕片,她的光芒是苦幹實幹的累積而來,只要回來台灣,每個禮拜會來我這裡來調整、清除累積在她身上的疲憊與壓力。做完療程後,我會主動感謝她的堅強與對事業的執著,還有做人處事的態度,都值得我效仿,然後說她就是位女武神,以茉莉為主調的一支按摩油,她的精神就是愈戰愈勇的一位女將領,很妙的是,她回答我:太妙了,我最愛的氣味就是茉莉,她回去跟她的孩子分享這小故事,她孩子脫口而出說:你就是女武神啊,哈哈哈,倆個人對視而笑。

她非常的疼惜我、尊重我,每在結束身體療程完成後,她總是非常的有禮貌真誠的跟我道謝,對我說:你的手,真的真的療癒了我,非常地謝謝你,瑩子。只要看到適合我的衣服、植物,就會買來送我,甚至看到好吃的餡餅,都會買上 4 份,要我帶回家給孩子跟先生吃,表示她對我的感謝,真的很感謝她的疼愛。

生命過程擺渡人

做了 20 年的芳療師,覺得自己的職業更像是擺渡人,客人情緒卡關，我就用手安撫、用精油情緒陪伴、用按摩油展開糾結、用紐西蘭復健式律動按摩桎擺脫客人的壓力疲勞、用精油抓周打開抑鬱的心房，安靜地陪伴著，聽她們訴說著，靜靜地擺渡每個客人生命裡的卡點，卡點解開了，迎面而來的笑聲，是我這位芳療擺渡人，最衷心期盼。

我是聊癒瑩子，我們一起好好過日子

歡迎到本文首頁加我送：20 分鐘精油抓周諮詢 . 20 分鐘性格特質諮詢

創業不難！
搞定自己最難

楊婇琳　婇琳心腦能量培訓教母

家庭教育與企業內訓專家，
致力於心靈與腦科學研究，
並創立《好愛你幸福學院》。
透過教育與心腦成長課程，
幫助無數家庭與企業
開啟生命中的天賦與力量，
讓愛成為改變生命的良藥。

Line官方帳號：@94ilove2
加我免費送
靈魂香水占卜/腦跡分析

創業的起點 當夢想遇上現實

創業這件事，聽起來好像很難，但其實最難搞定的往往不是資金、技術或市場，而是我們自己。每個創業者在踏上這條路時，都會面對無數內外的挑戰，從自我懷疑到資金不足，從市場競爭到人際關係。問題不在於資源的匱乏，而是在於你能否戰勝自己的恐懼、懷疑，並堅定地走下去。

創業之路 資金不是唯一的問題

創業需要很多錢嗎？對於大多數人來說，這是創業初期最常遇到的問題。但在我看來，錢從來不是最大的問題。當我28歲決定創業時，我身邊的資金並不充裕，甚至可以說是非常有限。當時，我只是個年輕的母親，當時生下三個孩子，身上的責任和壓力讓我不敢輕易冒險。

然而，心中的那份篤定和對夢想的渴望，讓我鼓起了勇氣。

我選擇了標會，將僅有的10萬元用於創辦嬰幼兒潛能開發教室。那是一個非常年輕的時代，嬰幼兒教育並不普及，也沒有太多人看好這個行業。然而，正是這份看似愚蠢的傻勁和不顧一切的熱情，讓我在創業之初，成功吸引了一群志同道合的夥伴。

創業初期，資金當然重要，但更重要的是態度和心態。很多人一想到創業，第一個念頭就是"如果失敗了怎麼辦？"這樣的思維方式會讓你在創業的路上吃盡苦頭。相反，如果你能以積極的心態去面對，將每一個挑戰視為成長的機會，那麼即使遇到再多困難，你也會找到解決的辦法。

案例分享，心靈療癒如何改變生活

在成為心腦能量培訓師後，我有機會接觸到來自各行各業的創業者和職場人士。在這當中很多人都面臨著與我當年相似的困境和挑戰，但他們不知道如何釋放內心的壓力，如何找到真正的力量與動力。通過與他們的合作，我見證了無數令人感動的改變。

例如，有一位年輕的創業者，他在創業初期充滿了熱情和夢想，但隨著事業的發展，他開始感到越來越疲憊和迷茫。他曾多次想要放棄，因為他覺得自己無法承受創業帶來的壓力和焦慮。然而，通過我們的帶領，他學會了如何管理自己的情緒，如何透過學習和能量療癒來釋放壓力，並最終找回了當初創業的熱情和信心。如今，他的事業蒸蒸日上，他也成為了我最好的朋友之一。

能量管理，看不見的成功秘法

能量管理是一個看不見，但它是非常重要的秘法，它往往決定了企業能否長期穩定的發展。許多企業家會忽視這一點。

因為能量無形無色，不像財務報表那樣一目了然。但當你或團隊成員處於低能量狀態時，即使擁有再優秀的技能和知識，事業表現也會大打折扣。

因此，能量管理已經是企業運營新趨勢，通過提升員工情緒與能量，營造充滿活力與創造力的工作環境是有必要性的。

我在創業過程中學會了將能量管理應用於個人成長與企業運營中，這讓我在事業的每個階段都能保持高度的專注與積極的心態，最終實現我的創業夢想。

這些案例讓我深刻體會到，心靈療癒不僅僅是一種工具，它更是一種生活的態度和方式。當我們能夠真正關注自己的內心，並學會如何管理自己的能量和情緒時，我們的生活將會發生巨大的改變。

通過能量管理，重拾健康與職業成功

另一個案例是一位高層管理者，她在公司內部擔任著重要的職務，但由於過度的工作壓力和長期的情緒積壓，她開始出現各種健康問題，甚至影響到她的家庭生活。通過我們的帶領，她學會了如何平衡工作與生活，如何通過能量管理來保持內心的平和與健康。最終，她不僅恢復了健康，也在職業生涯中取得了更大的成就。

企業成功的三大法則：文化、期望與能量管理

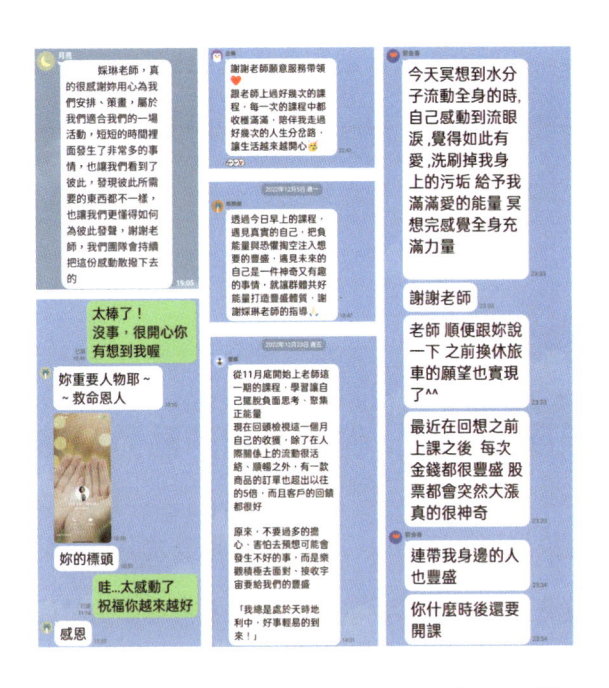

經營一家成功的企業，絕非僅僅依靠技術和市場策略，更多的在於如何管理好企業的內部文化、期望值以及夥伴們的能量。這三者相輔相成，缺一不可。透過文化管理、期望值管理與能量管理三方面同時發力。建立共同的價值觀與信念，讓每個團隊成員都感受到自己的重要性和價值，激發他們的積極性，從而讓企業在關鍵時刻取得突破。

文化管理，是成功企業的基石

創業並非孤軍奮戰，正向的企業文化可以凝聚團隊向心力激發夥伴們的創造力。擁有一支高效的團隊是成功的關鍵。我創業初期的一群夥伴，陪伴我度過了無數難關。我們共同創造了一個充滿愛與支持的工作環境，為我們彼此帶來了持續的成長與成功。

期望值管理，保持團隊的動力與熱情

期望值管理是企業成功的關鍵。很多企業初期員工充滿熱情，但隨著時間的推移，這份熱情漸漸消退。這是因為他們的期望值未得到共識管理。

讓員工清楚知道目標，並持續給予正面反饋與激勵，能夠讓他們保持動力與熱情，這樣團隊才能持續高效運轉。

高峰與低谷，在逆境中保持前行

如何在逆境中保持前行 每位成功的創業者都會經歷事業的高峰與低谷。這些高低起伏是真正考驗內心力量的時刻。在創業初期，我因資金短缺和市場競爭壓力陷入困境，但這段艱難的經歷教會我如何在逆境中保持前行，將壓力轉化為動力，最終渡過難關，迎來事業的高峰。

我一直相信，學習是保持創業者活力和創造力的關鍵。除了專注於企業經營，我更不斷學習心理學、能量療癒與心靈成長新知，這些學習不僅豐富了我的人生經驗，也讓我能夠更好地應對內心的各種情緒與壓力。

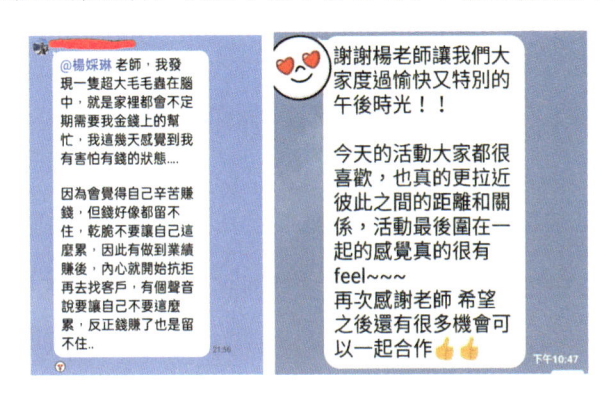

如同我經常在企業中使用心腦療育技術來幫助員工釋放壓力，提升他們的工作動力與創造力，經過帶領大大改善了工作環境，提升了企業的競爭力。

創業與心靈的雙重豐收

只有內心真正強大，充滿正能量時。才能帶領企業克服各種困難，實現永續發展。在這個過程中，我創建了一套獨特的心靈成長與療癒體系，這套體系幫助我更好地管理情緒與能量，讓我在創業過程中更加從容與自信。

心腦能量培訓師的誕生

從創業者到心靈導師 隨著事業發展，我意識到創業並非生命的終極目標。我渴望通過經驗與智慧，幫助更多人找到內心的力量，實現他們的夢想。因此，我轉型為心腦能量培訓師，結合多年的創業經驗與心腦成長知識，幫助迷茫或困惑的人找到方向與力量。

未來展望，讓心腦能量師走向世界

未來，我希望能夠將心腦能量師這一理念推廣到更多的地方，幫助更多的人找到內心的力量，實現他們的夢想。我計劃在全球各地開展更多的工作坊和培訓課程，讓更多的創業者、及想培養第二專長者都能夠受益於心腦療癒的力量。

同時，我也希望能夠通過書籍、線上課程和演講等方式，將我的經驗和智慧分享給更多的人。我相信，只要我們能夠保持內心的平和與力量，我們就能夠在這個變幻莫測的世界中找到屬於自己的道路，實現我們的最高潛能。

未來全球心腦能量運動心，腦能量師的國際影響力

隨著科技的發展與人們對內心健康的重視，心腦能量培訓師這一職業在未來將擁有廣闊的發展前景。越來越多的人將意識到內在力量對於個人成功與幸福的重要性，而心腦能量培訓師將在這一領域扮演重要角色。

我相信，隨著心腦能量師的全球化發展，將有更多的人能夠受益於這一獨特的心靈成長系統，找到內心的平靜與力量，並在生活與事業中取得更加豐碩的成果。

打破文化界限，融入全球市場

在將心腦能量師推向全球市場的過程中，我們的首要任務是打破文化界限，找到共通的心靈需求。這意味著我們需要深入了解不同文化對心靈、能量、療癒等概念的理解，並在此基礎上進行文化適應與調整。

為了實現這一目標，我與來自不同國家的心理學家、文化學者和能量療癒師合作，開發出一套具有文化適應性的心腦能量課程。這些課程不僅融合了東西方的心靈療癒理念，還充分考慮了當地的文化背景與社會需求，使得心腦能量師的理念得以在不同國家廣泛傳播。

國際工作坊，從本地走向全球

在推廣心腦能量師理念的過程中，我們的國際工作坊起到了至關重要的作用。這些工作坊不僅僅是課程的簡單延伸，更是文化交流與心靈成長的橋樑。

在每一次的國際工作坊中，我們都會根據當地文化設計專屬的療癒體驗活動，並邀請當地的心靈導師與能量療癒師共同參與，讓學員們在體驗心腦能量的同時，也能夠感受到不同文化間的共鳴與融合。

這些國際工作坊不僅成功吸引了來自世界各地的學員，還讓我們的理念得到了更廣泛的認同與傳播。在未來，我計劃將這些工作坊進一步擴展到更多的國家和地區，讓心腦能量師的力量在全球範圍內發揮更大的影響。

線上平台與社群建設，打破時空限制

隨著互聯網的普及，線上學習平台成為了推廣心腦能量師理念的重要渠道。這不僅讓我們打破了地域的限制，還讓更多無法親身參加工作坊的人能夠隨時隨地接受心靈成長的教育。

我們開發了一個多語言的線上學習平台，讓來自不同國家的學員可以在平台上學習心腦能量的各種知識與技能。這個平台不僅提供豐富的學習資源，還開設了全球性的討論社群，讓學員們可以分享自己的心得與經驗，形成一個互助互愛的全球社群。

在這個線上平台上，我們還提供了實地的互動課程與線上指導，讓學員們可以得到即時的反饋與支持，幫助他們在心靈成長的道路上走得更遠更穩。

從個人影響到集體共振
心腦能量師的社會價值

心腦能量師不僅僅是個人心靈成長的工具，更是一種具有深遠社會影響力的理念。當越來越多的人接受這種理念並將其應用到生活中時，我們不僅改變了個人的生命劇本，也在潛移默化中推動了社會的集體。和諧意識

個人轉變，從內到外的影響

當一個人開始運用心腦能量師的理念來管理自己的情緒、能量與生活時，他的生活會發生顯著的變化。這種轉變不僅體

現在他的工作表現上，更會延伸到他的人際關係、家庭生活以及整體的生活品質中。

許多學員反映，通過學習心腦能量師的理念，他們的情緒管理能力顯著提升，不再輕易受到外界環境的影響，能夠更加冷靜與自信地應對各種挑戰。這種內在的轉變最終會反映到外在的行為上，從而影響到他們周圍的人，形成一種正向的能量場。

集體變革，創造更和諧的社會

當這種個人的轉變在更大範圍內發生時，心腦能量師的理念便開始對社會產生影響。我們的學員在運用這些理念改善自己生活的同時，也會自然而然地將這些正向能量傳遞給他人，從而在社會中形成一種和諧與合作的氛圍。

我相信，當更多人開始運用心腦能量師的理念時，我們的社會將會變得更加和諧與幸福。這不僅僅是因為個人生活的改善，更因為這些理念推動了我們對人際關係、工作環境、甚至社會制度的重新思考，讓我們能夠共同創造一個更美好的未來。

教育與心靈的融合，未來的學習模式

未來，我計劃將心腦能量師的理念融入到各個教育領域中，從幼兒教育到成人繼續教育，讓更多人從小就能夠學會如何管理自己的情緒與能量，如何在困難中找到成長的機會。

我相信，當我們將心靈教育與學術教育結合起來時，我們將能夠培養出一代更具創造力、更具同理心、更能適應未來挑戰的人才。這不僅是對個人的塑造，更是對未來社會的一種投資。

心腦能量師的專業化與標準化

隨著心腦能量師理念的廣泛傳播，我們正在推動這一領域的專業化與標準化，讓更多有志於成為心腦能量師的人能夠接受系統的培訓，並獲得相應的認證。

這不僅有助於提高心腦能量師的專業水準，從而為學員提供更高質量的服務。

全球心腦能量師社群的建立

未來，我計劃建立一個全球性的心腦能量師社群，讓來自世界各地的心靈導師、能量療癒師和學員們能夠在這個平台上交流經驗、分享心得，共同推動心靈成長與社會變革。

這個社群將成為一個充滿正能量與創造力的全球網絡，讓我們能夠共同面對未來的挑戰，創造一個更加和諧與幸福的世界。

心腦能量師的未來願景

每一位心腦能量師的學員都是這個願景的一部分，我相信，隨著越來越多的人加入這個行列，我們將共同創造出一個充滿愛與智慧的未來。

這本書是一個指南，也是一個實踐的手冊為所有想創業或正在創業路上的人提供實用的建議或啟示。

我們面對的不僅僅是市場的挑戰，更多的是來自內心的考驗。

希望通過這本書，你能夠找到屬於自己的力量，克服內心的恐懼，實現你的夢想。

記住，最重要的是與自己和解，找到內心的平靜與力量。唯有如此，你才能在創業的道路上走得更遠、更穩。

歡迎到本文首頁加我免費送：靈魂香水占卜 / 腦跡分析

香氣的世界
療癒的力量

李鈺蓮 靈香療鈺導師

靈香療鈺導師，身心靈療癒，擅長運用香水做諮詢，也常運用火元素協助人們做療癒，至目前為止已協助超過千人療癒並找回內在的平靜，公益演講超過百場。

line id：yuki425888

加我免費送

10分鐘1對1諮詢

踏上香氣療癒之旅

　　故事的起源來自於一個普通的農村,而我是故事中的女主,從小生活在鄉下,我家門前種了一顆玉蘭花樹,據奶奶說這是爺爺種下的,而我....卻從未與我的爺爺見過面,記憶裡只片斷的從奶奶的口中得知,爺爺在我來到這個世界之前,早一步離我們而去,進入了我們未知的世界....於是這顆玉蘭花樹就成了我與爺爺之間唯一的情感聯繫。每次在奶奶訴說爺爺的故事時,小小年紀的我雖然不能真正理解奶奶內心的思念,卻總能感受到奶奶內心中各式各樣的情緒起伏,但是沒有人能讓奶奶傾訴心中的相思之苦,儘管我是拼命的想讓奶奶開心,但礙於小小年紀的我,無能為力為她分擔。儘管如此,我也總是會陪伴在她的身旁,每當她想起爺爺的時候都會坐在玉蘭樹下的搖椅下發呆,任由玉蘭花淡淡的香氣帶她沉浸在她與爺爺的美好思緒中,我除了看著她發呆也會待在她的周圍自行玩耍,聞著那股特有的花香,心中莫名的感到安定與喜悅。到了春夏2季玉蘭花開時,總會飄著淡淡地清香,玉蘭花的香氣已深深植入了我的記憶。奶奶也經常性的坐在搖椅上,透過玉蘭花的淡淡香氣，追憶著他與爺爺共度的時光。有花期的日子裡，奶奶常會採下樹上新鮮的玉蘭花將它泡在水中，用泡好的水幫我洗頭髮，每次洗好後除了頭髮會散發出淡淡地花香之外，這種清新的香氣特別的令我精神煥發，心情就變得特別愉快，身體也格外輕盈。平常奶奶也會將花用鐵絲串成一整串，她會將玉蘭花放在房子的各個角落裡，讓整個空間都充滿玉蘭花的香氣，自小耳濡目染的我，即便奶奶沒有解釋過多為什麼這麼做的原因，我也在不知不覺中深受其影響，這種天然的芳香療法，成了我童年中無形的教育，為我日後香氣療癒之旅埋下了種子。即使在北漂離家多年後，這股玉蘭花香仍能輕易地將我帶回那段快樂天真無邪的童年，更是我難以忘懷的記憶香氣。在我傷心難過的時候我也會去買串玉蘭花放在房間，讓玉蘭花的香氣給予我溫暖及支持，我會聞著這股熟悉的味道陪我渡過不愉快的時光。

漸漸地隨著年齡的增長，我進入了職場，開始察覺到人們情緒的波動。有些人的情緒穩定，讓人如沐春風；反之有些人的情緒則讓人不安，這些負面情緒時常影響我，甚至侵蝕我的能量，讓我無法專注於工作。於是，我開始思索，是否有某種工具或方法，是可以幫助人們釋放情緒，提升靈性的成長，促進直覺增長？

當時的我並沒有具體的答案。直覺告訴我，這種力量存在於我們日常生活中，或許是一首音樂、一段話語，甚至是一抹香氣。儘管當時我無法明確說出它的名字，但我深知這股力量確實能夠引導人們走向內心的平靜。

靈香之道　靈魂知道

正當我有這種想法時，契機就出現了，有天我去誠品逛書，看到了竟然有書是寫關於用香氣療癒人們的心靈時，那一刻，我靈魂深處有種確信，就是我要用香氣來療癒人們的心，這就是我要追求的道路，我找到了一條靈香之道。在這個的往後我瘋狂似的閱讀與學習吸收和香氣有關的資訊，包含各種植物的作用／氣味／影響層面等等，甚至是學習辨別氣味及觀察氣味與人們個性上的相互關係。

在我的某一堂課中，有學員要我用香水示範如何從香氣中辨別關係，於是，我請她當案例，我給她聞了幾款香水，並讓她排列出喜歡的優先順序，我從她對香氣喜惡愛好的選擇中去了解到，原來，在她的原生家庭中，她排行老二，母親總是不會對她有太多的關愛，甚至只會對老大及老三好，總是會不斷地打她罵她，每次出狀況都會怪罪於她，導致她對母親總是有一種自己不夠被愛的感覺，於是我便更進一步的詢問她，在夫家是否有婆媳關係？

她說老師妳怎麼知道，其實答案就在她自己選的香氣中，她最討厭的味道，其實也就是她最缺乏的能量，在她選擇的香氣裡，裡面的蘊含的植物能量是要協助她釋放掉分離的感覺，而她目前也因長期照顧病患導致她能量耗盡無法重新連結愛的源頭，才會有討厭此款香味的狀況出現，後來她選擇要改變自己與母親還有婆婆的關係，就大量的運用此款香水，藉由香氣來引領改變自己的想法，後續我在聽她分享的時候，她提到前期的過程中雖然艱難，但最後她找到了內心的平和，改善了家庭關係。看到她的成長與變化，我為她感到由衷的喜悅。

不需作繭自縛～而是破繭成蝶

在這些教學和療癒的過程中,我逐漸發現其實每個人的心靈如同一顆水晶球,純淨晶瑩而閃耀,然而生活中的各種苦難、挫折與創傷,往往會讓人們在心靈上受到打擊,創傷沒能及時療癒,情緒得不到出口,這就形成一個一個的心結,阻礙心靈能量的流動,自然情緒度也高不起來。這些過往的受傷經驗就像繭一樣,厚厚的裹著我們一層又一層,時刻的束縛著我們,除非內在的力量足夠強大才有機會破繭而出,化繭成蝶。而天然萃取的植物香氣正是賦予這種力量的催化劑,只要情緒得到釋放,並使自己的心靈時刻保持簡單純淨,那麼強大而明亮的氣場就注定會為我們帶來好運。透過香氣療癒,我希望幫助人們認識到,他們並不需要長期地作繭自縛,而是應該勇敢地破繭成蝶,迎接屬於他們的光明和自由。

在一次香氣工作坊上,我遇到了一位年輕的女性,她在事業上屢屢受挫,對自己失去了信心。她告訴我,說自己就像被困在一個無法突破的繭中,內心的壓力讓她感到窒息。我引導她選擇了幾種能夠喚醒內在力量的香氣，並讓她通過冥想和深呼吸來釋放壓力。在這過程中，她逐漸感受到香氣所帶來的支持和鼓勵，內心的恐懼和自我懷疑也逐漸的消散。最後，終於她勇敢地踏出了舒適圈，開始追求她真正渴望的生活。

這段經歷讓我深刻認識到，香氣療癒的力量不僅在於舒緩情緒，還能幫助人們找到內在的力量和勇氣，打破自我設限，實現自我突破。香氣就像一雙看不見的手，溫柔地牽引我們走向內心深處，幫助我們化繭成蝶，展翅飛翔。

天然植物精油及芳香會帶來大自然陪伴的力量，能舒緩生理或心理的不適。基於對健康上的考量，在眾多香芬的產品中，我選擇了一款來自於英國的植物萃取靈性香水"飛馬香水"來作為療癒的工具，並在使用的過程中不斷地認識自我，挖掘出不同面向的自己，從香氛開始，走向更好的自己。

曾經我為了要寫出關於香水的一篇文案，左思右想都沒有著落，查詢了相關資料也是毫無頭緒，不知從何下手，幾年前 AI 還未出現也沒有 Chat GPT，那個當下的我更是從不覺得自己是可以寫出優美詩詞或是出一篇好文案的作者，剛好桌上就有一瓶 10ml 的香水，索性我就拿著它，不斷地聞著這香氣，一段時間之後，神奇的事情發生了，我居然寫出了一系列我自己都無法相信的詞句跟文案，在這個嗅吸的過程中，我不斷的有靈感有畫面出現，我試著把出現在腦海中的隻字片語一字一句的寫下來，接著把我寫出的這些詞看過一遍又一遍，漸漸地有雛形出來了，在從中提煉，有時也會去查相關的字詞，巧妙地去運用字詞的組合，反覆的檢視，反覆的提煉，最終將文案寫好發出。有了這次的經驗後，讓我深刻的明白，香氣能激發靈感，並幫助我突破寫作的瓶頸。自此之後，每當我遇到寫作困難時，翻出這瓶香水總能為我帶來靈感與創造力。

類似的經驗還有一個，是我某天來到夥伴的美容工作坊，看到她桌上整堆的書，還有成山的資料，同時看到她對著電腦，眉頭深鎖的若有所思，似乎沒有聽到我進門的聲音，也沒有發現我已經走到她的面前了，她仍然沉浸在她的世界裡，我輕喚了她一聲，她才驚覺我到了，我順口問說，妳在打什麼資料，她才告訴我她正在為課件發愁，不知從何下手，我則是笑笑的告訴她你不妨試試我們身上都有的某款香水，她一臉狐疑地問我有用嗎？我說與其妳浪費時間在這裡懷疑，不如妳趕快抓緊時間實際放手去做，想是問題，做是答案，妳做完我給妳的建議之後再來跟我分享你的成果與收穫，果不其然，她獲得的經驗與我第一次的經歷非常的相似。自此之後我們也常常碰在一起研究彼此所做的療癒個案，並從當中將成功的經驗方法提煉出來做為課件。

情感療癒　　從悲傷到釋懷

香氣不僅能治癒心靈創傷，還能幫助我們走出情感的陰霾。曾經我的一位閨蜜，她平時也是療癒工作者，用生辰8字幫人調整身體健康，她有一段感情愛情長跑了7年，卻沒有步入婚姻，因對方背叛而告終。在結束了這段多年的感情後，心情一直處於低谷，感覺內心充滿了失落與悲傷，即便是懂八字的人，但在情緒的釋放面遲遲未找到正確的工具。這段感情的失去，讓她在她的生活中失焦了，悲傷的情緒使她陷入負循環，在工作領域裡，一直無法對焦的持續完成她的工作，在這段傷心難過的日子裡,也曾與她的其它朋友訴說過多次她的心情跟感受,試著找到方法想從這段感情中脫離出來,但始終久久無法平復她的情緒,更是沒有辦法平靜的從這個事件當中走出。有一天,我的腦中突然間的出現她的身影,想說最近怎沒她的近況,於是約了她在附近的餐廳吃飯順便聊心,在吃飯的過程中她提到了感情狀態,在那個當下剛我提供了香氛療癒的方式給她,她當下直接學我嗅吸了一段時間後,眼睛漸漸恢復明亮有神,緩緩地與我道來,她跟我說了一個愛情故事,是她從網路上看到的,大至的情節是:在沙灘上有個女屍衣不蔽體,第一個經過的男人只是看了一眼便離開,第二個經過後把他身上的外套脫下來覆蓋在女屍身上,而第三個經過的男人卻親手埋了她,在這女屍的轉世中,她遇到了3段感情,最終她與第3個男人結婚,原因是此男人才是前世埋她的人。聽到這裡,我忍不住地問我閨蜜,這跟你這段經歷有什麼關係?

她說也許目前與他分開的男友不是前世埋她的人。她接著跟我分享:因為我給她聞香,利用香氣引導情緒,協助原本躁動及不安的自己穩定下來,讓情緒得到出口,這次的療癒讓她重新找回了生活的重心，並能夠平靜地面對過去，使她對這段感情釋懷了許多。

香氣的力量

香氣除了能協助心靈成長之外，在身體方面還能協助壓力大的人獲得放鬆，消除壓力，讓失眠的問題得以解決。就在不久前，2014 的六月，我有個好姐妹，來我店內找我敘舊，突然間就問我：你有沒有什麼秘訣是可以好好睡覺的，不吃藥不打針就能解決的？在我還沒回答她的問題前，她看到我放在櫃檯的香水，隨手抓了一瓶就湊到鼻子面前嗅了嗅，說這個味道她愛，聞著舒服，有種身上的壓力都被釋放掉的感覺，我看了看她，示意她旁邊有沙發可以做，你要是覺得放鬆就先去沙發上坐著休息一下，等我手邊工作結束在跟妳聊，殊不知等我結束手上的工作在看向她時，已跟周公聊天去了，我看了她抓在手裡的瓶，原來是紫羅蘭香氣的，紫羅蘭本身在香氣的應用上就是放鬆神經，改善失眠症狀，鎮靜憤怒與焦躁的情緒，這位姐妹無意間體驗到了香氣的力量，從此更加信任香氛療癒。

香氛可以影響的層面還有使人際關系更寬廣，也可以做跨界的整合，讓看事情的角度不同，提高自我的視野，為自己增加好人緣及業績成長。

隨著接觸的行業種類日益的增多有家位在高雄的早餐店，闆娘在因緣際會下諮詢我，她表達想要讓業績更好，同時也想要增進自己的人緣，這樣可以讓她在保險的行業中增員更容易，在我了解到她有這些想法後，她進一步透露現在的店面不如以往的好做，而且客人也都不會在店裡停留太久，這狀況其實困擾她好一段時間，她想要藉由她店裡現有的客人去拓展她保險的業務，首要突破的就是要獲得精準客人，而她深知她的客人有一小部分是會成為保險的精準客戶的，可是礙於時間上無法深聊導致黏性不夠，無法進階促成保單，因此向我諮詢，為此，我提供了她靈性香水的進階課程，為她量身打造屬於她適用的方案，在她學會後，她用 Line 與我分享成果，她目前將整組香水展示在她的店面，藉此獲得客人的注意力，提高店內客人的黏性，藉由香水的話題，拉近了與客人的距離，她的客人更願意與她分享自身更深層的話題，成功拓展了保險的業務，截至目前為止她也運用香氛療癒為她帶來不少生意，目前在店面香水也持續展示中，展示如圖。

現代社會中的香氣療癒

隨著社會的快速發展，現代人面臨的壓力與日俱增。忙碌的生活節奏、無處不在的競爭、以及對未來的不確定性，使得許多人在身心靈上都感到疲憊不堪。在這樣的背景下，香芬療癒逐漸成為了一種備受關注的身心療法，因為它能夠幫助人們在快節奏的生活中找到片刻的寧靜，重新與內心聯繫。

我在一次企業內訓中，與一群忙碌的高階主管分享了香氣療癒的概念。這些主管們承受著巨大的工作壓力，長期處於緊繃狀態，甚至影響了他們的身體健康。我設計了一系列的香氣體驗活動，幫助他們在短時間內放鬆身心，並引導他們通過香氣冥想，重新連接內在的平靜。一位主管在體驗後表示，他感覺自己找回了久違的心靈平靜，這讓他重新思考了工作與生活之間的平衡。這次經驗使他決定開始規律地運用香氣療癒來管理壓力，並將這種方法介紹給他的團隊。

這些現代化的應用案例,使我更加堅信,香氣療癒不僅僅是一種個人情感療法,它還能在團隊和組織中發揮積極的作用。透過香氣,我們能夠營造出一種和諧、放鬆的工作氛圍,提升團隊的整體效能,並促進員工的幸福感。這也是我未來希望繼續深入探索的方向,將香氣療癒的理念融入到更多的企業文化和現代生活中,幫助更多的人在繁忙的都市生活中找到內心的安寧。

成為香氣的療癒導師

隨著我的香氣療癒實踐經驗越來越豐富,我開始接觸到更多的人,他們希望學習這門技藝,並將其應用到自己的生活和工作中。於是,我決定開設香氣療癒課程,培養更多的香氣療癒師,將這份知識和經驗傳遞下去。

在教學的過程中,我發現,學員們來自不同的背景,他們對香氣療癒的理解和需求也各不相同。有些人希望通過香氣療癒來治療自己的情感創傷,有些人則希望將其應用到他們的專業工作中,比如心理諮詢或健康管理。無論他們的目的是什麼,我都會努力的幫每位學員提供個性化的指導，協助他們找到最適合他們的香氣療癒之路。

當中有一位學員，是一名經絡按摩師，他希望學習香氣療癒來輔助他的工作。我們一起探討了如何將香氣融入按摩的流程中，通過香氣來幫助患者放鬆情緒，打開心扉，進而更有效地進行物理治療。在他的實踐中，他發現香氣確實能夠幫助患者更快地進入治療狀態，並且療效顯著提高。這樣的成功案例不斷地鼓舞著我，讓我相信，香氣療癒這門技藝，能夠在不同的領域發揮出無窮的潛力。

作為一名香氣療癒導師，我的責任不僅僅是傳授技術，更是引導學員們走上一條身心靈和諧的道路。我經常提醒他們，香氣療癒不是一蹴而就的，它需要真誠且持之以恆的練習。只有當我們真正的與香氣取得聯結，並用心去感受和理解它的力量時，我們才能夠幫助自己和他人，實現真正的情感療癒和靈性成長。

從上述這幾個案例過後我印證了一件事，就是我們的嗅覺、記憶、情緒、感受與思考之間，都有著緊密地連結，而香水透過嗅覺牽動了情緒提供了我正面的影響，由此可見，獨特的生命經驗決定了在相同情境下，每個人所記憶的香氣也不盡相同，所改變的行為模式也不盡相同。我相信，香氣療癒的力量是無限的，只要我們願意去探索和應用，它將能夠改變更多人的生活。

走在靈性療癒成長的道路上，我發現在生活裡，有很多方法都可以造就療癒，而什麼才是好方法，取決於個人的觀點，不論要採用哪一種方法，最重要，也是最核心的第一步，就是一顆「想要獲得療癒」的心。每次的療癒都將使你可以徹底乾淨的讓自己重新開始，從心出發，而每次的開始都是建立在結束之後，無論你是否同意，生命都將以這樣的根基模式把經驗疊加上去，不斷地開始/改變/停止，直至你真的蛻變成長為止！

進入香氣療癒的旅程讓我深刻體會到，每一股香氣背後都隱藏著無窮的力量，這力量來自於大自然，也來自於我們的內心。它能夠打開我們內心深處的情感之門，找回內心的平衡與和諧。在這條道路上，我從未停止學習和探索，因為我相信你在閱讀了這些故事後，也會有自己的啟發。無論你面臨什麼樣的挑戰，香氣都能幫助你找到內心的平靜，提升靈性成長。

由於每個療癒師的成長環境與教育程度不同，加上療癒個案的數量，經驗上的多寡，這些因素也都會影響到個案被療癒的成果，我在身心靈的領域十年，藉由香氣加上色彩與數字協助了千人找到更好的自己，如果你想知道，為什麼最近這陣子忙碌已成常態，卻總是深深感到自己活得好失衡，或是常常害怕自己還不夠好，各種與心靈成長相關的問題，可以趁這次掃二維碼加我，我會送你 10 分鐘 1 對 1 的諮詢，透過選擇顏色分析來協助你找回原本的你來成就更好的自己。

歡迎到本文手又加我，送 10 分鐘一對一諮詢。

因病悟道：從甲狀腺癌到佛法修行的心路歷程

曾孟如　生死智慧AI禪師

擁有28年設計教育經驗，
專注於佛法智慧、數字易經
與AI銷售美圖製作。
我的使命是幫助50歲以上的人
實現財富自由，
透過AI技術圓夢變現。

line I'd：Mengrulai
加我送免費送：線上課程
"AI美圖製作速成班"

出國留學的夢想與現實的衝擊

2001年7月,我懷著對設計的無限憧憬,遠赴澳洲墨爾本 Swinburne University 開始攻讀設計博士。當時的我,滿懷熱情和期望,希望在異國他鄉的學術殿堂中,汲取知識、拓展視野,並以此為基石,開創一個嶄新的未來。這是我人生中一個重要的里程碑,也是一個滿載夢想與希望的開始。

初到墨爾本,我被這座城市的多元文化和美麗風景所吸引。墨爾本的 Swinburne 大學校園充滿了學術氛圍,我深感自己置身於一個新的世界,能夠自由地探索設計的無限可能。然而,命運往往會在你最不設防的時候,向你投擲無法預見的挑戰。

在澳洲的生活初期,一切看似都非常順利。我適應了當地的生活節奏,並且在學術研究上也取得了一些初步的成果。然而,十月的一天,我無意中摸到了脖子上的一個硬塊。起初,認為這可能只是疲勞所致的肌肉結節。然而,隨著時間的推移,那個硬塊卻並沒有消失,反而變得更加明顯。

我開始感到不安，決定趁學校放寒假回台灣去高雄醫學院進行檢查。當醫生拿著檢查結果告訴我，這是一顆腫瘤，可能是甲狀腺癌時，我的世界彷彿瞬間崩塌。這個消息對當時的我來說，簡直是晴天霹靂。我從未想過，自己這樣年輕，34歲，卻要面對這樣嚴峻的健康挑戰。此刻，所有對未來的美好憧憬都變得虛無縹緲，取而代之的是對未知的恐懼和深深的無助感。

與疾病抗爭：手術與康復的過程

接下來的幾個月，我的生活完全被這顆腫瘤所左右。醫生診斷我患有甲狀腺濾泡癌，這讓我陷入了無盡的恐懼與迷茫。甲狀腺癌這個詞語對於當時的我來說，是如此陌生而可怕。它象徵著我可能面臨著生命的終結，象徵著我曾經美好的夢想可能就此破滅。

我開始查閱有關甲狀腺癌的資料，試圖了解這種疾病的治療方案和預後情況。醫生告訴我，儘早進行第二次手術完並接受放射碘治療是最有效的治療方式。面對這樣的決定，我內心充滿了恐懼和焦慮。每次進入手術室時，我都感受到一種無助和恐懼。那冰冷的手術刀，那令人窒息的無菌環境，讓我每次都懷疑自己能否再度醒來。

手術後的恢復期更是漫長而痛苦，每一分每一秒，我都在和自己內心的恐懼作鬥爭。我常常問自己，為什麼這樣的事情會發生在我身上？我的人生究竟是為了什麼而活？這些疑問在我的內心反覆盤旋，讓我無法逃避。儘管手術順利完成，但放射碘治療的副作用讓我倍感煎熬。我的身體變得虛弱無力，日常生活中最簡單的活動也變得艱難。與此同時，我內心的恐懼與迷茫卻如影隨形，讓我無法真正感受到康復的喜悅。

生命的脆弱與無常：從家庭的變故中汲取力量

在我與疾病抗爭的同時，回想我 1996 年從美國舊金山校園藝術學院讀完碩士學位，因大姊告訴我：父親罹患肝癌，我捨棄美國設計師工作，回國陪伴父親抗癌 5 年，就在 2001 年 6 月中，我的父親肝癌離世。父親的離世對我來說是一個巨大的打擊，這讓我對生死有了更深的感觸。父親一直是我生命中的一盞明燈，他的離去讓我感到生命的無常與脆弱。我開始思考，人生究竟有何意義？

父親的去世讓我深深意識到，無論你多麼努力地計劃未來，生命總是充滿了不可預見的變數。這種無常感讓我對生命的看法產生了根本性的轉變。我開始意識到，健康與生命並非理所當然，任何時刻都可能發生改變，這種脆弱性讓我感到不安。

在父親癌末日子裡，我的內心思考找尋臨終法門來協助父親能安詳的解脫。當父親的去世和我自己的病情，這兩件事交織在一起，讓我無法不去思考找到臨終法門的急迫性。這些問題在我心中揮之不去，並在我接受治療的過程中不斷浮現。這種對生死的思考，逐漸引導我走上了一條尋找內心平靜的道路，也讓我對佛法實修法門產生了濃厚的興趣。

修行之路：尼泊爾閉關的九年歲月

佛法的啟蒙與決心修行

在經歷了與疾病的抗爭後，我逐漸康復，但內心的傷痕卻無法癒合。雖然醫學上的治療讓我逐步恢復健康，但內心深處的恐懼與迷茫卻始終如影隨形。我意識到，僅僅依靠物質世界的醫療手段，無法解決我內心的問題。我開始尋找內心的平靜，並對佛法實修法門產生了濃厚的興趣。

透過閱讀佛教經典，我逐漸理解到佛法中的生死智慧，並開始對佛法的修行產生了深刻的共鳴。我意識到，只有通過內在的修行，才能真正超越對生死的恐懼，並找到內心的安寧。這樣的領悟讓我決定，將理論付諸實踐，並開始我的佛法修行之路。

佛法的智慧讓我明白，人生的無常是無法避免的，而真正的解脫在於對無常的接受與理解。這種領悟讓我感受到一種前所未有的安慰，彷彿在黑暗中找到了前行的燈塔。我開始深入學習佛法實修法門，並逐漸認識到，佛法中的生死智慧，正是我內心所渴求的答案。

遠赴尼泊爾：尋找內心的寧靜

2010 年，我做出了一個重大的決定：前往尼泊爾，這個被稱為佛陀誕生地的國度，進行閉關修行。在這段時間裡，我遠離了現代社會的喧囂與繁雜，全身心投入到佛法的實修法門中。尼泊爾的山川湖泊、寧靜的氛圍，為我的修行提供了極佳的環境。

尼泊爾是一個充滿靈性的國度，那裡的空氣中似乎都充滿了佛法的氣息。在這片土地上，我感受到了無比的寧靜與平和，彷彿所有的煩惱與憂慮都被這片祥和的氛圍所淨化。我的上師 GURU ANAND 為我們選擇了一個偏遠的小村莊作為閉關的場所，這裡遠離城市的喧囂，四周環繞著綠意盎然的山巒，只有清風和鳥鳴伴隨著我每日的修行。

在這段閉關的歲月裡，我的日常生活非常簡樸，每天的日常就是禪坐冥想、勤練佛陀親傳的五調法、以及深入思考佛法的教義。這種簡樸的生活，讓我得以深入內觀自省，並逐步擺脫內心的恐懼與迷茫。透過這些年日復一日的修行，我逐漸明白，佛法所教導的生死智慧，不僅是對生老病死的接受，更是超越對死亡的恐懼，並找到一種內在的寧靜與自由。

佛法中的深度體悟：腦波降下的經歷

在多年閉關修行的過程中，我有一天經歷了腦波的降下，進入了如《心經》所言的深度禪定狀態。在這種狀態下，我的內心達到了一種無比寧靜的境界，這讓我得以深入理解佛法中所謂的「五蘊皆空」。在這一刻，我真正體悟到了色與空的關係，理解到一切有為法如夢幻泡影，萬物的本質皆是虛幻無常。

這種體驗讓我感受到了一種難以言喻的平靜與喜悅，彷彿所有的煩惱與憂慮都消散於無形。在這種狀態下，我的頭腦似乎已經超越了物質世界的限制，進入了一個更高的精神層次。在這個境界中，我體驗到了一種無邊無際的自由與寧靜，彷彿整個宇宙都在我心中展開。

我親身體驗到，頭腦的意識心在這種狀態下不再起作用，這讓我看見了物質世界的真相。透過慧眼，我看到世間萬物皆由帶電的粒子（質子與中子）組成，這些粒子之間的交流，構成了我們所感知到的物質世界。這種體悟讓我深刻理解到，佛法中所謂的「舍利子」，實際上指的就是這些粒子。我領悟到，《心經》中所言的「色不異空，空不異色」，正是對這種現象的真實寫照。

這一領悟讓我更深刻地體會到,所有物質世界的現象,無非是這些粒子的交流與運動,這種認知徹底改變了我對世界的看法。從那一刻起,我明白了,真正的解脫不在於逃避現實,而是在於深刻理解現實的本質,並在其中找到內心的平靜。

決定錄製「佛光普照幸福如來：掌握生死智慧」課程的緣由

回歸日常生活：分享佛法智慧的決心

在 2019 年結束我的最後一次閉關後,我帶著一顆更加寧靜與開悟的心回到了日常生活。經歷了九年來來去去得閉關修行,我不再是那個對生命充滿迷茫與恐懼的年輕人,而是一個擁有了更深層次智慧的人。我深感佛法智慧的深遠影響,並決心將這些經驗分享給更多人。

隨著 2020 年全球疫情的爆發,許多人開始面臨生死的考驗，焦慮與不安成為現代人共同的心靈病症。面對這樣的局勢，我意識到，許多人與我當年一樣，正在經歷著對生死的迷茫與恐懼。我希望能夠通過分享自己的修行經驗，幫助他們找到內心的寧靜與安穩。

這促使我在 2023 年 6 月，決定錄製一套線上佛法課程，並將其命名為「佛光普照，幸福如來：掌握生死智慧」。這個線上課程的目的，不僅是讓學員了解佛法中的生死觀，更是幫助他們在面對生命的無常時，找到一種內心的平靜與安穩。

在製作這個課程的過程中，我回顧了自己過去二十年的修行經歷，將其中最為珍貴的智慧與體驗融入到課程中。我希望通過這個課程，能夠幫助更多人理解生命的本質，並在面對生老病死時，能夠以平靜的心態接受生命的無常，找到內心的寧靜與自由。

希望大家有智慧面對生老病死的迷茫與不安

現代社會中的生死課題：焦慮與恐懼的根源

在現代社會中，許多人在面對生老病死時感到極度的迷茫與不安。隨著年齡的增長，親友的離世、自己的健康問題，這些都可能成為焦慮的源頭。隨著醫療技術的進步，我們的壽命延長了，但對於生死的恐懼卻沒有減少。很多人在這樣的困境中，無法找到內心的平靜，甚至會陷入深深的恐懼與無助中。

這種恐懼不僅來自於對死亡的未知，更來自於對生命意義的迷失。我深知，這樣的痛苦對於許多人來說都是揮之不去的陰影。因此，我希望透過「生死智慧」課程，幫助他們找到一條通往內心寧靜的道路。

幫助大家尋求內心的寧靜：實踐佛法的智慧

我希望通過「生死智慧」課程，幫助更多人找到內心的寧靜，並在面對生命的無常時，能夠以平靜的心態接受這一切。這個課程並不是單純的佛法理論講解，而是結合了我多年修行中的實踐經驗，讓學員能夠在實際生活中應用這些智慧。

就像我有位陳姓學員從事電腦工作患有憂鬱症，跟我學習佛法一年後，憂鬱症也好了。這位學員曾經對生活充滿了消極和絕望，然而，透過佛法實修法門的學習和實踐，他逐漸找到了內心的平靜與希望。還有另一位玉雲學員在經營龍嚴生命產業多年後，今年 3 月 25 日剛好遇到自己的妹婿心肌梗塞，透過我的引導並運用初級臨終法門，她對生命的全新理解與安寧，這讓她在面對工作中的生死問題時，能夠更加從容不迫，並且能夠用智慧去引導她的客戶和家屬。

這些真實的案例讓我更加堅信，佛法中的生死智慧，能夠幫助人們在現代社會中找到內心的平靜與幸福。透過這個課程，我希望能夠讓更多人在面對生老病死時，能夠不再感到恐懼與無助，而是能夠以智慧與勇氣迎接每一個生命階段的挑戰。

數字易經的啟示：從迷茫到創業的決心

創業之路的挑戰：從迷茫到自信

55歲退休之前，我曾萌生了創業的想法，但總是徘徊不前，對未來充滿了不確定性。一次偶然的機會，上了張耀宗老師的數字易經課程，這次測算成為了我創業之路的轉捩點。數字易經的洞見，讓我重新認識自己，找回自信，並對未來的創業道路充滿了信心。

透過數字易經，我得到了對未來幾年的命運走勢與事業機遇的預測，這讓我看到了自己在創業中的潛力與可能性。我發現，接下來的數年將是我事業發展的關鍵期，特別是在某些特定時段，將迎來良好的創業機會與市場環境。我也透過數字易經分析個人特質，發現個人具備堅韌、創新、領導力等成功創業者所需的重要特質。

這些洞見給了我極大的信心，讓我看到了創業成功的可能性。我開始意識到，只要在正確的時間做出正確的決策，我完全有能力在競爭激烈的市場中脫穎而出。數字易經給我帶來的不僅僅是對未來的預測，更是一種力量，讓我敢於追求自己的夢想，走出舒適圈，勇敢踏上創業之路。如今我也教導運用數字易經協助朋友找工作或創業。

AI 技術的力量：
打造令人心動的銷售文案與美圖

AI 技術與數字易經的結合：助力品牌突圍

作為一位曾經任教於東方設計大學 28 年的設計教育者，我將 AI 技術與數字易經結合，幫助創業者突破數位市場的困境，快速提升品牌的競爭力。透過 AI 技術，我幫助我的朋友學會如何生成高質量的銷售文案與美圖，讓她的品牌在市場中脫穎而出。

AI 技術的迅速發展，使得品牌推廣變得更加高效和精準。我告訴她，如今 AI 技術已經能夠在品牌推廣中發揮強大的作用。AI 不僅可以幫助企業快速生成高質量的銷售文案與美圖，還能夠根據市場數據優化內容，使之更加符合目標客戶的需求。我向她推薦了我所教授的 AI 技術課程，這門課程專門針對企業主和創業者，旨在幫助他們掌握 AI 技術，並運用 AI 工具打造出令人心動的銷售文案與美圖。

學習 AI 技術後，她的市場推廣活動迅速取得了成果。通過生成的銷售文案和美圖，她的品牌在社交媒體上引起了廣泛的關注與討論，銷售業績也隨之大幅提升。她不再只是個努力拼搏的創業者，而是一位能夠靈活運用 AI 技術，在市場中佔據一席之地的數位營銷高手。

AI 技術課程的影響力：吸引更多創業者的加入

有了自己創業的經驗，我也協助在各地上課認識的朋友，強調了 AI 技術課程的核心價值——幫助企業主和創業者在競爭激烈的數位市場中脫穎而出。它直接觸及到創業者和企業主的痛點：無法有效表達品牌價值，難以吸引目標客戶。不僅吸引了我朋友的注意，也成功吸引了更多對數位市場感到迷茫的創業者，讓他們意識到，AI 技術可以成為他們突破市場瓶頸的重要工具。

我的 AI 技術課程結構清晰，從基礎知識到實際操作，層層遞進，讓學員能夠在短時間內掌握關鍵技能。課程中，我還提供了許多實例與模板，幫助她快速上手，將學到的知識應用到實際的品牌推廣中。她發現這些 AI 工具其實非常友好且易於操作，最終幫助她在市場中取得了顯著的成果。

結語：從數字易經到 AI 技術的全面轉變

回顧與展望：智慧與技術的融合之路

回顧我與朋友的合作，我深感數字易經與 AI 技術的結合能夠為創業者帶來巨大的幫助。透過數字易經，我幫助朋友找回了對創業的信心，讓她能夠做出關鍵決策；而透過 AI 技術，我幫助她突破了數位市場的困境，成功打造出具有競爭力的品牌形象。

未來，我計劃將這些技術應用到更多的領域中，幫助更多的創業者和企業主實現他們的夢想。我希望能夠通過這些智慧與技術的結合，讓更多的人在這個不斷變化的世界中找到自己的方向，並在其中獲得成功。

现今社會，創業已成為許多人追求夢想的一條重要途徑。然而，創業之路充滿挑戰和不確定性，尤其是在面對數位市場的激烈競爭時，企業主和創業者常常感到無法有效表達品牌價值，難以吸引目標客戶。這種情況下，正確的指引與決策顯得尤為重要，而這正是我通過數字易經所能提供的幫助。

歡迎到本文首頁加我送 ：線上課程"AI 美圖製作速成班"

全球教育的未來
如何明白生命的意義

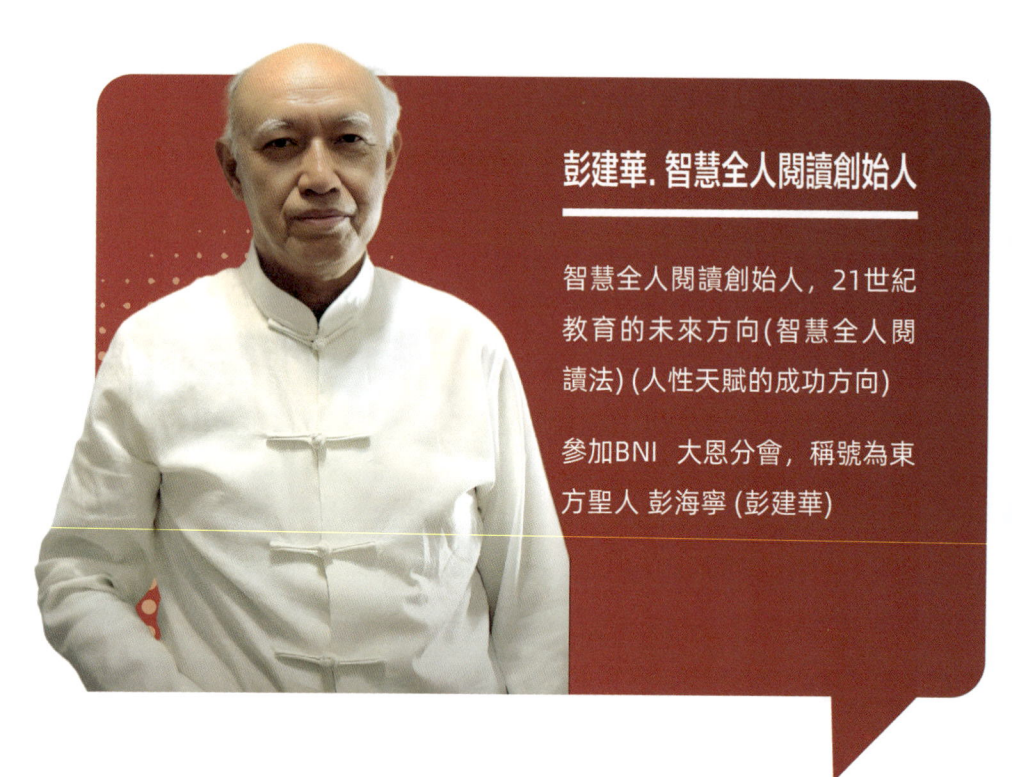

彭建華. 智慧全人閱讀創始人

智慧全人閱讀創始人，21世紀教育的未來方向(智慧全人閱讀法) (人性天賦的成功方向)

參加BNI 大恩分會，稱號為東方聖人 彭海寧 (彭建華)

QRCODE
加我免費送：神智圖

我的使命

我本來是一個平凡的普通人,在 35 歲之前我對自己沒有抱著什麼目標或期待。然而之後的 40 年間,我開始了一個奇妙的旅程,只因為我決定要找出一切重要經典中共同的奧秘與寶藏,最好是找到上帝,否則我感覺人生將會是一場可怕又無奈的遺憾。

因為我的學問,是無師自通自修而得來的,所以是一個新文明的開始,現在已經可以肯定「文、史、哲、教育、宗教」中共同的根基,也就是人性中的「天賦大才能、價值觀、願景夢想」已經因此而確定而實現,而你(人心)也是我最好的見證人,

因為 ,下方名人的話,也 就是【你我人生使命】的見證:

＊意義治療與存在主義分析的創辦人:維克多・弗蘭克「人如果知道為什麼活著,就會有恆心毅力,完成自己人生的願望。」

＊德國哲學家・尼采:一個人如果知道他為什麼而活,他

就可以忍受任何一種生活。

＊法國大雕塑家羅丹：「我活得越久，越覺得人們彷彿尚未準備就緒，就匆匆思索。」

＊侏儸紀公園系列和法櫃奇兵的導演：史蒂芬‧史匹柏《哈佛大學演講》：「全世界極需關注的是『我們如何共同尋找所謂的大我』？該如何做？有太多工作要做，以至於這項工作好像未曾開始！」

＊〈讀經通訊第 37 期〉王財貴〔財團法人全球讀經教育基金會〕發起宣言：「文化的見識決定了教育的方向（通識），教育的方向決定了國民的素質（素養），近百年來中華民族的文化方向，一直找不到定位。」

＊《老子 35 章》執大象，天下往。

＊《祖克柏 2017 哈佛畢業典禮演講文》：我們這代人面臨的挑戰，是創造一個人人都能有使命感的世界。你們畢業於一個無比需求使命感的世界，而怎麼創造它，由你自己決定。

*《易經‧兌卦‧彖》：兌，悅也。君子如能帶來啟示之喜悅，則人民會忘了勞苦。如又能帶來偉大的生命意義和使命感，則人民會不顧生命危險而全力以赴。

*《萬有理論》史帝芬‧霍金：「20世紀最著名的哲學家維根斯坦曾說：『哲學僅剩下的任務是分析語言（word）。』如果未來我們能發現一種完備又易懂的答案，能解釋宇宙為什麼存在，那將會是人類理性能明白上帝旨意的時刻。」

*諾貝爾和平獎得主《文明的哲學》史懷哲：「我們的理想所奠基之世界觀的瓦解，就在於哲學棄其責任於不顧。」

*《百年思索》（代序）龍應台：「哲學好像是能帶人走出迷宮的星座星斗。25年後我希望聽到的是，你們盡力閱讀原典之後對世界有什麼自己的心得，能認清楚歷史的星空，把這個社會帶出歷史的迷宮。」

*《如何閱讀一本書》:「最偉大的哲學家所提出的深刻問題，正是孩子們所提出的問題；成人複雜的生活阻礙了尋找真理的途徑，偉大的哲學家總能釐清生活中的複雜，經由他們的說明，

困難無比的事就變得很簡單了。」

＊愛因斯坦：「簡單，代表你對事情有完全的理解。想像力比知識更重要。知識是有限的，想像力卻可以包括整個世界。」

＊《易‧繫辭上傳》易則易知，簡則易從，．．．．易簡而天下之理得矣。

＊《約翰福音 1:1》「道（word）就是神」

＊《羅馬書 1:19》「神的事情，人所能知道的，原本顯明在人心裡，因為神已經給他們顯明。」

以上這些名人的話就證明了為什麼我用了 40 年的時間，在尋找古今中外信仰和經典中的奧秘及寶藏，結果我找到了一種非常簡單的智慧閱讀方法，正是完整的宇宙人生價值觀，將來必會成為全球共同的文化基本教材。

故事啟發，直覺是發明的方向和起因

「有一位父親正在努力於繁雜的公事，而他的小兒子卻一直要找他一同玩遊戲,因此這位父親就找了一大張複雜的風景畫頁撕成小片,並要小兒子拼回原來的風景照,當作是遊戲。他是想讓自己能有一段長時間的安靜時刻。

結果,出乎這位父親意料之外的是,他的兒子不到 5 分鐘就拼圖完成了。原來這小兒子發現風景照畫頁的背面,是一張大的人像照,所以他很快地就拼圖完成,再翻面之後,風景照就出現了。」這個故事是表示用新的角度去看舊的問題,這是一種創造性的想像力。

*《趨勢大師奈思比 11 個未來定見》:我們必須找出事件的片段,想出來他們會如何連結,才能呈現事實的完整面貌。連結不同的事物,需要多一點直覺,只有適當的連結才能產生一個可理解的圖像。想預知未來的模樣,必須找到互相吻合交雜和連結的各小塊,一開始一定有些不變的圖塊,這些就是我們的根基。

在本文中,這是指一個複合詞上下二字可以相等的意思。因為本來宇宙「一切即一,一即一切」。

＊《啟示錄 22:13》神說：「我是初，我是終，我是首先的，我也是末後的。」（宇宙是從一到一的過程）

＊《老子 39、22 章》萬物得一以生，侯王得一以為天下正。聖人抱一為天下式。

不論你打開任何一本「字典、辭典」都會看見每一個「字」都使用了其他的「字、詞、句、文、典故」加以註解、說明，因為「你中有我，我中有你」，字與字之間，有其共通共用相等…的成分。

這就是「神智圖同義字閱讀法」（平常心直覺閱讀法）（智慧全人閱讀法）能成立的理由。

六祖：「一切即一」；馬祖道一：「森羅萬象，一法所印」；老子：「神得一以靈」。　「神」還是要在「一」的概念中才得以顯靈得以被認識！

也就是說：「文字」(word)（道） 需要被註解，被別的字來比擬、說明、對照。才能被認識。沒有任何一個字，不需要被另外的字對照、註解…。

＊《消遊遊》余光中：文學作品（文字）有時代性，也有永恆性。

＊《師說》韓愈：文以載道。

＊《文心雕龍》道沿聖以垂文，聖因文以明道。

下方這四張圖，你要仔細的看，如果看懂了，就能理解本文之全文，你就能　進入 21 世紀文明［天國寶藏大門］。

見証：全世界第一次有人這樣製圖，可以讓人找到自我，認識神，認識天賦大我、核心素養和永恆的宇宙價值觀，及未來全球共同的文化基本教材

故事：古今第一次，文字 (word)（道）（神）自己會說出祂的奧秘

＊唐獎第六屆漢學獎得獎人中研院院士.歷史學家,許倬雲:歷史不能只有「敘述」,而要「解釋」。

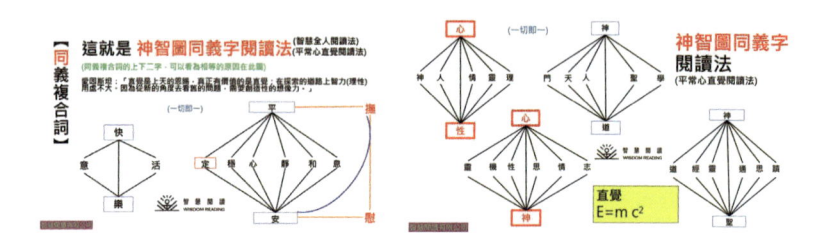

神智圖同義字閱讀法

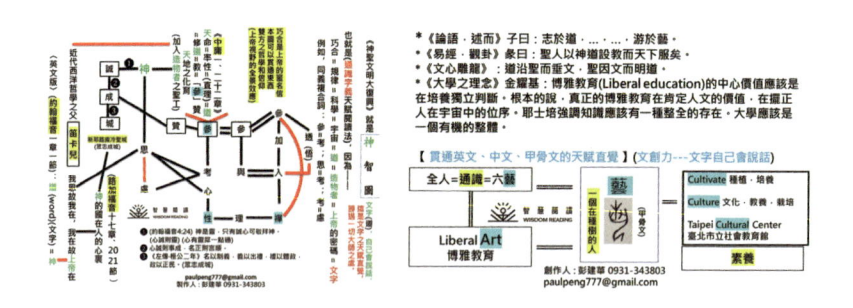

「什麼是」閱讀革命?

＊《逍遙遊》余光中:我們這一代的文化早已呈虛脫狀態。五四到現在,已近半個世紀,我們早就應該有第二個五四了。青年在等著,歷史在等著,等一個新型文化的誕生。我們渴求改進,文化衰落,是每個知識青年的恥辱。 一件成功的藝術

品，往往藉物以見我，同時也藉物以見道，事實上也是因我證道，因道證我。

＊《中華文化 從北大到台大》余秋雨：沒有面向未來的創造，中華文化便沒有前途，我們的生命也沒有意義。中國當前的文化，應該把主要精力放在創建中國文化在21世紀的全新生命，創建中國文化與世界文化的對話系統。中國文化界應該調動全社會的文化創造力，重新繪製中國文化的新版圖。 杜維明說，現在我們要進入「新軸心時代」，各大文明之間要互相對話，互相理解，這種交流將是意義非凡的。

＊《國際漢學的推手》編者刁明芳：「許倬雲：一個世界性的新文化正在成形。盼望中國文化的遺產能助益將來人類的共同文化，鑄造新的世界文明，我盡心盡力為的就是這個大目標。」

＊捷克「蔣經國國際漢學中心」主任羅然教授：文學是人類的特點，人性其實到處都差不多，不同的歷史、環境和文化裡，常看到人與人之間共同之處。

＊余英時：「司馬遷：究天人之際，通古今之變，成一家之言。(《文心雕龍》：心生而言立，言立而文明，自然之道也。) 中國文、史、哲研究之所以尚未能自成格局，恐怕和崇拜西方理論有關，我們已把西方文化看作標準範式。展望台灣的未來，中國文、史、哲的研究應該是新一代中國學人的重點。關鍵在於富於獨立判斷力，那麼堅實的人文研究傳統便會慢慢形成了。」

＊《千面英雄》坎伯：在當代人性受到科技巨大挑戰的時刻，正是對生命有深刻反省能力的英雄崛起的良機，可以帶來人類社會興衰的出路。當代英雄的使命在於，凝塑出一套超越種族、國界、宗教、文化、社會等人為藩籬的象徵符號系統，從而使生命的深層意義為之彰顯。

＊《大學之理念》金耀基：「耶魯大學的肯尼迪在他《創世紀》一書中，顯然同意威爾斯與湯恩比的警告，那就是：全球社會是一個教育與災難的競賽。肯尼迪認為為了準備 21 世紀的來臨，第一個要素就是教育。」

靈性之信念療癒

所謂靈性療癒，指的是身心一體同步漸進的更新變化，不只是要有時刻陪伴鼓勵之功，更先要有人生價值觀、目標、方向及道路的重估整理，帶給自己和他人，健康、愛、希望、勇氣、信心及安寧、成長，因此我所發現發明的「神智圖同義字閱讀法」（智慧全人閱讀法）必要也已經做到~~

＊（1）意義療法（Logotherapy）：由意義治療與存在主義分析的創辦人：維克多・弗蘭克創始。

＊（2）心理建設：是孫文學說中，革命建國的基本要件。

＊（3）核心通識及素養：近代東方都跟隨著西方教育界提倡通識教育，尤其是21世紀以來又加上素養教育，其實這就是古代中國的六藝和西方的博雅教育，其目的正是「全人教育」的意思。但人心真正的核心教育，應該是「認識自己天賦價值觀」的信念心理建設。

＊（4）成長型思維：由心理學家卡羅爾．德韋克創始。

＊（5）恆心毅力（grit）（成功的唯一必要條件）：由美國心理學家 Angela Duckworth 首創。

＊（6）每一個個人、家庭、團體、國家、民族的安身立命之根基和準則，也就是世上獨一唯一的宇宙價值觀，和未來全球共同的文化基本教材。並且證實了，統一一切經典和宗教，帶來世界大同人心和睦，達成地球永續，拯救生態環保的可能性和方法：

＊中國文化大學創辦人張其昀：「余以為一國之國防，以民族精神為首要」。

＊雨果：「任何強大的軍隊，都不可能抵擋思想的力量」。

＊《論語・子罕》：「三軍可奪帥也，匹夫不可奪志也」。

21 世紀之大門（九紫離火運）

＊愛因斯坦：有一個 現象令我毛骨悚然，這便是我們的人性已經遠遠落後於我們的科技了。

＊《從 0 到 1》彼得．提爾：智慧手機讓我們分心，也讓我們忽視環境還是很落後，事實上，過去半個世紀以來，只有電腦和通訊在大幅進步，現在我們面對的挑戰是，不但要想像新科技，還要創造出更和平繁榮的 21 世紀。科技不只侷限在電腦，任何新的、更好的做事方式都是科技。

＊管理學大師彼得．杜拉克：21 世紀最大的發明，將不會是現今已有的一切項目，而會是「如何管理自己」。

＊柏拉圖：會管理自己的人，可以管理一座城市。

＊《天下雜誌．2018 年教育特刊》均一師資培育中心執行長藍偉瑩：自主學習能力關乎國家競爭力。戴爾電腦一份研究指出，2030 年的工作，有 85% 還沒被發明出來，如果學生自己不能掌握最新知識結合自己的想法，永遠都只能幫人代工，國家競爭力就消失了。明年將實施 108 新課綱……，灌輸學生知識，不如教會他為何與如何去找知識。

＊著名的英國史學家湯恩比：「21 世紀是屬於中國人的世紀」

閱讀革命的價值和意義
（整合才能發現大我就是一體）

（1）語文方面：最高理境，聖通睿智，全球共通的文化基本教材。

（2）歷史及考古方面：凸顯出除了器物及制度之外，永不改變的宇宙天賦理念價值觀。

（3）哲學方面：一切人文科學的根基。

（4）教育方面：核心通識、素養產生的「全人教育」（身心靈貫通一體）。

*《讓天賦自由》肯．羅賓森：全球的企業都需要有創意、能獨立思考的員工，但其實企業或工作都不是重點，重要的是不論我們做什麼，蘊含其中的人生目的與意義才是我們所追求的。過去三百多年來，象徵西方思想的意象被工業主義與科學方法所主導，現在該是我們改變思考模式，進而以有機體的生命模式為思考基礎，如果能發現自己的天命，人類的發展就有

無限生機。為了我們的未來，教育必須與天命的概念結合。21世紀所需的教育原理，是有遠見的教育家早已經倡議了數個世代。但如今正是恰好的時機，我們若真心想落實教育改革，必須了解時代的腳步，否則便只能被巨浪吞噬，沉沒在舊時代的死水裡。19世紀現代心理學的始祖之一詹姆士：「當代最偉大的發明就是：只要改變心態(mind set)，就能改變生命。」（生命教育）

＊《天下雜誌．108課綱引導素養學習新世代》洪蘭：素養是整體的。它應該是21世紀知識分子的基本能力。素養要的是智慧和處世的態度，也就是如何定位自己，了解自己的價值，使自己人格完整，找到內在歸屬感，有尊嚴地過一生。每一項素養都很重要，但是正確的處世態度(Mind set)應該是第一要事。

＊經濟學家凱因斯：觀念可以改變時代。

＊《讓天賦自由》陳藹玲推薦序：

《「天命教育」幫孩子打造未來》

教育，一定得有中心思想，我一直相信，在功利教育、放任教育之外，一定還有一種更有遠見，也更能讓孩子找到自我潛力的方式，能活出自我，並開心茁壯。天命是天賦和熱情結合之處，唯有找到天命才能展現最真實的自我，得到最高的領悟，發揮最大的潛能。任何外在環境的變化，都無法奪走我們靈魂深處的天命。

＊《中庸·第一章》天命為性（理），率性（直理）為道，修道即教。

（5）經典方面：「貫通諸經， 方足以通一經」。

（6）信仰方面：諸法共契，萬教歸一，順天應人，世界大同。

（7）心理方面：心理建設、生命的意義、意義治療法、恆心毅力、天地正氣、成長型思維。

（8）管理方面：民族精神、 國家立國精神、企業精神和公司文化。

＊《改寫規則的人，獨贏》前《哈佛商業評論》總編輯亞

倫．韋伯：「華爾道澤年會主題是：我們共同追尋的工作與人生意義。主持人是描寫普世人類追尋意義的小說《牧羊少年奇幻之旅》的作者保羅．科爾賀，這場大會是尋求啟發的全球對話。」

＊《第一次全球革命》羅馬俱樂部：「這一代的人缺乏自我的感覺，不知道要到哪裡去尋找自己。⋯要建立一個全球社會只有在能包容各種文化共同的價值觀上，人類才可能共同面對挑戰，才有道德力量去因應世界變化」

＊《孟子》盡心則知性，知性則知天。

智慧全人閱讀法的商機

＊人類永遠對神祕的宇宙和人生，需要更深而精準的定義、理解和倫理價值觀。這就是【智慧全人閱讀法】未來的前途和商機。

證據如下：

＊蔡志忠的經典漫畫大暢銷

＊《星際大戰》影集的大暢銷

＊中西方都有各種類的查經班、讀經班、讀書會

＊全球都需要能夠終生適用的自學能力

＊人生教育需要新時代的生命根基

＊時代需要「總結過去、啟發現在、開創未來」的文明典範

＊《與神對話》系列作者的最終願望

＊《千面英雄》神話學大師坎伯的最終願望

＊北歐國家優秀親民（清明）又幸福的政治管理觀念

＊《典論．論文》曹丕：文章（文字），乃經國之大業，不朽之盛事。

＊諾貝爾和平獎得主《文明的哲學》史懷哲：「我們的理

想所奠基之世界觀的瓦解，就在於哲學棄其責任於不顧。」

＊錢穆：「近百年來，我們沒有一條可依規的路，大家的聰明都近乎空費。」

＊姚仁祿：「我們不要以為路走盡了，最重要的是要相信一定有一條尚未發現的路。」

＊［智慧全人閱讀法］將會是中華文明領導全球文明的開始

想了解智慧全人閱讀法，歡迎本文首頁加我的 QRCODE 免費送：神智圖。

從知識變現到教學實踐
露茜打造輕鬆的廣東話學習體驗

露茜　粵來粵有趣

專職教學廣東話。

多年的教學經驗加上

學習了網路贏銷的思維，

使我的專業推向更高的層次。

如果對學習廣東話有興趣，

我將會提供兩堂的免費課程。

line id : chien571210

掃碼加我

送2堂免費廣東話教學課程

我是露茜，結婚後在香港居住了三十年。由於母親是廣東人，粵語自然成了我日常生活的一部分。在香港的這些年，廣東話已經融入了我的血液，成為我生活中不可或缺的一部分。

7年前我搬回了台灣，一開始不太確定自己接下來要做什麼。在一個偶然的機會中，我遇見了Caro老師，她的知識付費課程啟發了我。當我思考自己擁有的技能時，突然想到我精通廣東話，這或許是一個能幫助他人的機會。

於是，我決定將自己多年的語言經驗轉化為教學事業，開展了教廣東話的課程。我希望能讓更多人通過學習粵語，了解廣東文化，並且運用這門語言來拓展自己的視野。每一位學生的進步，對我來說都是最大的成就。希望我的課程能夠幫助更多人，讓他們不僅學會粵語，還能感受到語言背後的文化魅力。

在中國大陸市場和全球華語社群中，掌握廣東話變得越來越重要。我總結了一些有效的方法，來吸引更多人學習廣東話。

1. 社交媒體推廣

利用 Line、Facebook 等社交平台，定期發布課程資訊、學習技巧等，吸引潛在學生的關注。這不僅能增加曝光率，還能幫助建立與學生的連結。

2. 多元化課程設計

根據不同學生的需求，設計針對性的課程，例如：商務廣東話、旅遊廣東話、娛樂廣東話等，以滿足不同學習目標和興趣。

3. 線上體驗課程

提供免費或低價的線上體驗課程，讓更多人有機會接觸到廣東話的學習，這樣可以降低學習門檻，吸引更多人參與。

4. 口碑營銷

鼓勵學生成為代言人，發揮口碑效應。邀請成功的學生分享學習心得，這不僅能增加學生的責任感，還能吸引更多人加入學習行列。

5. 線上教學與直播拓展

探索直播、短視頻等線上教學形式，擴大廣東話學習的覆蓋面，吸引來自不同地區的學生。這種方式增加了教學的靈活性和便利性。

6. 學生反饋與課程調整

定期收集學生的反饋和建議，根據他們的需求及時調整教學內容。保持與學生的溝通，不斷改進課程設計，增強學生的參與感，同時鼓勵學生之間的互動和交流。

7. 生動的教學方法

我在香港學習了一些生動的教學方法，運用日常生活情境，例如點餐、購物、打招呼等，讓學生更容易理解和應用。此外，還融入香港電影和流行音樂等元素，增加學生的學習興趣。

8. 個別化教學

關注每位學生的個別特點，例如學習興趣和學習方式。透過了解學生的需求，靈活調整教學重點，確保每個學生都能獲得滿意的學習成果。

9. 社交媒體學習

鼓勵學生關注廣東話創作者，透過他們的貼文和視頻，增進聽力和閱讀能力，這是一種趣味性強、易於接受的學習方式。

10. 語言交換

利用應用程式或社交平台找到廣東話母語者，進行語言交換，這不僅能學習廣東話，還能與他人分享自己的母語，增進文化交流。

11. 日常用語整理

製作一份廣東話常用短語列表，並鼓勵學生在日常生活中使用這些句子來增強記憶。

12. 飲食文化與香港特色介紹

廣東話學習也可以從文化入手，特別是香港的多元文化和飲食文化，例如飲茶、點心、茶餐廳、海鮮等，這不僅僅是學習食物的名稱，更是了解其中的文化意義。

對於一些比較害羞的學生，為了鼓勵他們發聲說廣東話，我大多數採取一些輕鬆、有趣的方式來創造支持和鼓勵的情景。

創造友好的氛圍，確保環境友好、包容，讓他們知道只要敢開口，如何都會得到支持。

我常規劃有趣的活動：

1. 角色扮演的遊戲: 設計一些角色扮演的遊戲或是情境劇，讓他們以角色的方式説廣東話，減少壓力。

2. 歌詞教學：選擇一些他們喜歡的廣東歌曲，邀請他們一起唸歌詞，這樣會降低語言使用的壓力。

3. 提供正向反饋：當他們勇敢發言時，給予即時的正向反饋，讚美他們的努力和進步。

4. 創建一個出席表單，鼓勵大家的努力。

針對個別輔導和練習：

1. 一對一練習：在約定的時間內，與學生進行一對一的會話練習，這樣能無壓力地進行交流。

2. 錄音自我練習：鼓勵他們錄下自己講的廣東話，自己聽聽看，這樣能增強他們的自信心。

3. 日常對話：試著在日常生活中使用簡單的廣東話，例如問候語或常用短語，創造自然的語言環境。

這些方法可以幫助害羞的人逐漸增強自信，讓他們在學習和使用廣東話上更放鬆。

另外用一些方法幫助學生在互動中提高記憶力

1. 主題對話：選擇一個學習主題，與學生對話。可以從簡單的對話開始，由淺入深，這樣學生不僅能記住詞語，還能慢慢運用。

2. 關聯記憶：鼓勵學生將新知識與他們已知的事物建立聯繫。用例子來幫助他們理解，鞏固他們的記憶。

3. 重覆重要內容：定期重覆重要內容，這樣可以幫助學生加深記憶。

4. 提問與反思：在會話中隨時提問，讓學生思考和回答，這樣可以促進他們的參與度，並更加深記憶。

我喜歡採用互動的教學方法，在輕鬆愉快的課堂中，我特別注重讓學員掌控廣東話的發音。我相信學習語言應該充滿樂趣，而不是壓力。

我會透過模仿練習和語音指導，使學員的發音更加準確，並幫助他們克服語言學習中的障礙。同時，我也強調語音的實用性，鼓勵學在日常生活中積極運用，從而增強他們的自信心。

廣東話通行的地區，除了香港澳門以外，在大陸珠江三角洲一帶，新加坡、馬來西亞，美國西岸及加拿大溫哥華等華人聚集的地區，也是通行無阻的語言之一，多會一種語言等於多一種與人溝通的工具，讓自己的人生都能因此而展出更寬廣的領域。

香港人氣魅力來自獨特的氣質與風貌，東方傳統與西方文化交融薈萃，新舊事物交織共存，造就出獨一無二的都會風情。在高樓大廈中穿梭閒逛、在精品名店或者露天市場盡情購物、遨遊維多利亞港的迷人景緻、探索離島的奇妙風景。品嚐道地海鮮及各國美食……香港的每個角落處處充滿驚喜和樂趣。

在我的學員中有一個家庭，認真的學習廣東話兩個月後，已經可以很靈活的運用廣東話與人交談和做生意，其中那位先生是由大陸來台開設小型公司的老闆，打算擴展業務到香港做生意，太太想要學習商務用語和日常用語，在輕鬆的學習環境下能夠運用自如的用廣東話交流，另外他們的女兒也能運用簡單的廣東話交談，我先運用圖畫書和卡通片引起她的興趣，例如櫻桃小丸子和叮噹等，另外透過角色扮演使她敢於開口說廣東話。

有人認為學習廣東話會很沈悶，很難學得好？

剛開始學習的時候，不要急著要有甚麼驚人的效果，慢慢下來你會發現，你會得到更多語言學習以外的樂趣。

至於中小學生學習廣東話，我會運用以下的方法。

1. 以實用為導向的教學：將廣東話的學習與日常生活場景相結合，比如市場買東西、吃飯點菜等，使學生更容易應用。

2. 互動和角色扮演：通過小組活動或角色扮演，讓學生在有趣的情景中使用廣東話，借此來提高口語能力。

3. 遊戲與活動：設計一些與廣東話學習相關的遊戲，提高學生的參與感和興趣。

4. 鼓勵對話練習：創造機會讓學生之間對話，增強他們的口語和聽力技巧。

5. 實踐：找機會和母語是廣東話的人交流，或是加入語言學習小組。

6. 線上課程：使用線上課程或者錄音、錄影進行反覆練習。

輕鬆的教學方法

在輕鬆愉快的課堂中，我特別注重讓學員能夠輕鬆的掌握廣東話的發音。我相信學習語言應該是充滿樂趣，而不是壓力。我使用互動學習方式，來幫助學生自然地學習到正確發音。

我會透過模仿練習和語音指導，使學員的發音更加準確，並且幫助他們克服語言學習中的障礙，與此同時，更鼓勵學生在日常生活中積極運用，從而增強他們的自信心。

作為一名廣東話和華語教師，我對於能夠見證學生的進步感到無比自豪。我相信每位學生都擁有無限潛能，而我的使命就是幫助他們充分發揮自己的才能，不僅學好語言，還能體驗到廣東話和華語背後的豐富文化內涵。

如果您對於學習廣東話有興趣，歡迎您隨時與我聯繫，讓我們一起在輕鬆愉快的氛圍中，踏上這段有趣的學習旅程吧！

我從 Caro 老師那裡學到了一套知識變現的方法，使我知道了，我雖然不是特別厲害，但是我有一些教學經驗，可以使學生更喜歡學習廣東話

學員燕子飛的分享

謝謝老師不求回報，勤懇教學。

我越來越能感覺到粵語應如何發音，它的技巧，

期待未來能流暢地說出一口道地的粵語。

雖然很多時候很忙，無法同時上課，變成之後再補上。

老師也不因為上課人數多寡，仍然熱心教學。

這點很難得

免費的其實是最貴的，但我是很珍惜的

學員平凡女的分享

親愛的老師，

首先衷心感謝您每個星期三晚上為我們提供的免費廣東話教學課程。您不僅在忙碌的日程中抽出時間，還以耐心與專業，

帶領我們一步步進入廣東話的世界。您的無私奉獻和熱情，使我們對學習廣東話充滿了動力與信心。

我們明白，教學不僅僅是分享知識，更是一種心血的付出。而您每週三晚上的課程，已經成為我們期待的一部分。無論我們的起點如何，您都一視同仁，用心解答我們的問題，並鼓勵我們在學習中勇於嘗試、不斷進步。

您的細心指導和耐心教學，而且從日常生活中的對話來當教材，讓我們在學習廣東話的過程中感受到樂趣與成就感。我們的每一點進步，都離不開您的指引與支持。在此，由衷感謝您所付出的每一分努力，讓我們有機會在輕鬆愉快的環境中學習廣東話，雖然我們說得可能還是不夠標準，但老師都會一再鼓勵同學開口說並糾正發音。

再次感謝您的無私奉獻與教導，期待在未來的課程中繼續跟隨您的腳步，不斷學習與成長。

學員韓峻安的分享

謝謝老師

雖然現在很多時候比較忙沒什麼時間可以來練習，不過有用記起來的幾個單字沒事試著講一下，倒也因為這樣生活多一點樂趣，並且也有讓人際關係變更好點，也謝謝老師抽空出來教大家

學員 Simon 的分享

在日文梁老師的介紹下，加入鄭老師的廣東話的口語課，

之前可以說都沒有什麼基礎，除了在香港的粵語電影外，幾乎不曾接觸，想說多一些語言的能力也不是壞事，更何況鄭老師目前還是試水溫不收費的，當然馬上加入學習囉！

每個星期三晚上，除了不可抗拒的事外，一定要來參加，廣東話聽起來親切多了，不像其他外語的艱深，畢竟跟中文還是有些關係，所以學起來也有信心多了，

加上鄭老師道地的發音，不厭其煩的修正，親切的鼓勵，

很快就學了不少的日常用語,雖然自己還有很大的進步空間,但依然要謝謝鄭老師無私的教導,希望有更多的同學一同加入鄭老師的廣東話的學習行列!謝謝老師!

歡迎到本文首頁加我,送 2 堂免費廣東話教學課程

從鬆筋師到生命騎士
用養生智慧駕馭人生

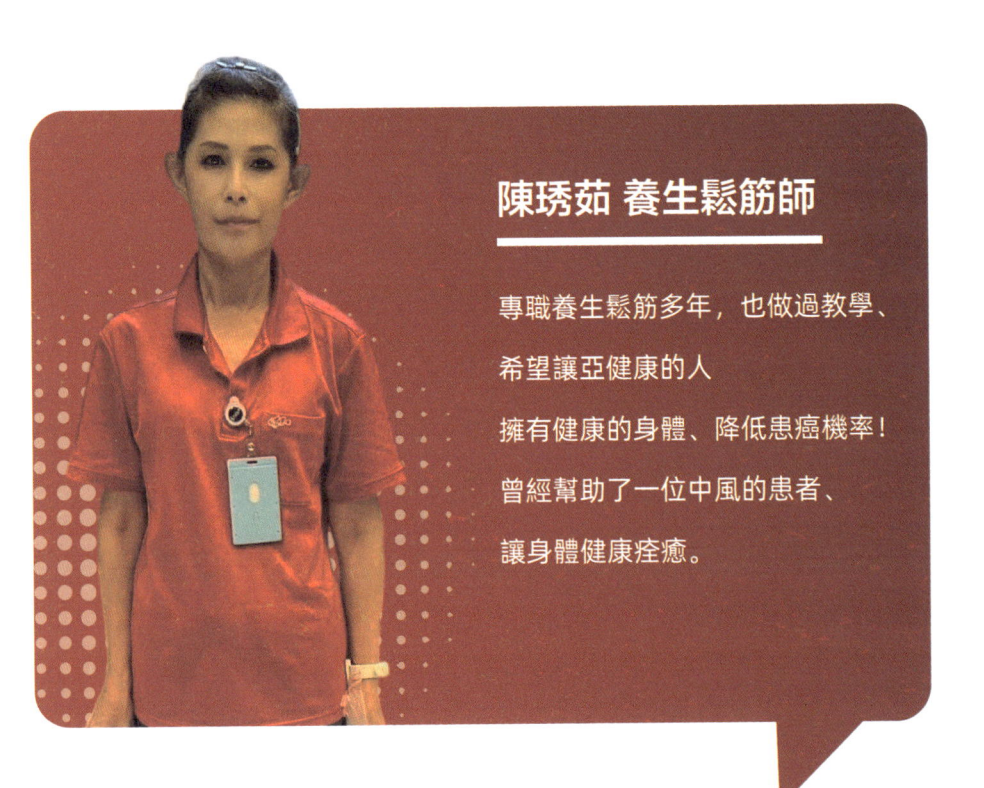

陳琇茹 養生鬆筋師

專職養生鬆筋多年，也做過教學、
希望讓亞健康的人
擁有健康的身體、降低患癌機率！
曾經幫助了一位中風的患者、
讓身體健康痊癒。

line id : a0980704827
加我免費送
分析生命秘數

尼采曾經說過：「要麼你去駕馭生命、要麼生命駕馭你。」這句話對我來說有很深的共鳴，因為我過去的經歷充滿挑戰與挫折。只有當我們成為真正的生命騎士，才能掌控自己的命運，駕馭人生的每一個瞬間。我曾經也是為了生活拼搏的人，創業的路途並不容易。

最初創業的時候，我並不是懷抱著什麼偉大的夢想，純粹只是為了養家糊口。當別人只需付出一分努力時，我卻必須投入十倍的精力來奮鬥。正是這樣的堅持，讓我最終獲得了老闆的信任，接手了他的第二家分店，並開始幫忙管理經營。隨著努力的積累，我得到了更多的認可，最後甚至與老闆成為盟友，一同開設新店。

然而，創業的路途從來都不會一帆風順。為了維持家計，我每天從早上11點營業到晚上11點，辛勤工作，期待著這些付出能帶來穩定的收入和成功的果實。雖然生活艱苦，但我始終相信，只要不斷堅持，總會迎來豐收的那一天。

在這段過程中，我遇見了一位改變我人生的貴人。他是一位鬆筋師，技藝精湛，擁有非常紮實的真功夫，深受客戶的信賴。我深知，若能學會他的技術，無疑能夠提升我自身的服務品質，並讓事業更上一層樓。這位貴人毫無保留地將他的經驗傳授給我，並且在生活和心態上給予了諸多指導。他教我如何更好地與客戶建立聯繫，理解他們的需求，並提供更加貼心的服務。

隨著時間的推移，我的技術越來越精湛，這些寶貴的經驗也為我的人生奠定了穩固的基礎。我對貴人的幫助心存感激，也感謝自己一路上的努力。這些經歷讓我看到了自己的成長，並從中找到了內心的充實感與成就感。

然而，現實中的挑戰總是無法預測。即使我再怎麼努力，房東突然決定大幅上漲房租，讓我無法負擔。即便我拼盡全力，依然無法承受這樣的壓力，最終不得不做出艱難的決定……關閉店面。那一刻，彷彿所有的努力都化為泡影，內心充滿了無奈與失落。

然而，正如尼采所言，生命的駕馭權依然掌握在我自己的手中。我不願讓過去的失敗成為未來的桎梏。我開始重新思考，如何運用自己所學到的技術和經驗，尋找新的平台來創造機會。我意識到，未來屬於網路時代，這正是我重新實現夢想的契機。

隨著時代的變遷，我將目光投向了抖音、網路營銷和雲端創業。我堅信，過去的經歷不會白費，只要我不放棄，那些積累的經驗與技術將在新領域中開花結果。這一次，我不僅要掌握命運的韁繩，更要成為自己生命的騎士，用全新的方式駕馭未來的每一個挑戰。

在我的創業旅程中，我有幸遇見了一位恩師，她不僅傳授了我精湛的鬆筋技術，還教導我如何面對實際操作中的各種問題，並提供解決方案。這些寶貴的經驗讓我在服務客戶時更加自信，進一步提升了我的專業能力和技術水平。隨著這些技術的應用，我接觸到了各種不同的客戶。

例如，有一位來自日本的朋友，長期受到氣喘困擾，不得不依賴類固醇藥物來控制病情。雖然類固醇能夠暫時緩解氣喘發作，但它無法根治，還會導致身體浮腫。她曾經回台灣探親時，氣喘發作得非常嚴重，甚至無法行走。她找到我求助，我為她進行了兩到三個小時的鬆筋理療，結果她的雙腿恢復了輕鬆感，能夠自由走動。她的家人看到這一變化，對我的技術讚不絕口。

除此之外，我還曾為一位機車行的老闆娘提供服務。她因為長期的工作壓力導致全身酸痛不適。經過我的全身鬆筋理療後，她感覺身體輕鬆了許多，疼痛也大幅減輕。她對結果非常滿意，還推薦我去幫她的公公和婆婆做理療。

她的公公因為中風長期臥床，無法自行下床活動。我每週都會去幫他進行全身性的鬆筋理療，不僅讓他的身體感到舒適，也減輕了因長時間臥床引起的不適。她的婆婆因為長期照顧中風的公公，肩頸也經常感到酸痛。經過我的理療，她的肩頸問題得到了顯著改善，夫妻倆的健康狀況逐漸好轉，生活質量也因此提升。

這些經歷讓我更加深刻地體會到，恩師傳授給我的技術不僅提升了我的專業能力，更重要的是能真正幫助他人改善生活，這讓我在這條道路上找到了價值和成就感。

學習鬆筋技術的過程中，我也逐漸理解了經絡的重要性。經絡就像人體內的經緯線，負責傳導氣血，維持我們的健康。透過鬆筋理療，我幫助客戶保持經絡通暢，改善氣血循環，進而促進身體的健康。

這些養生技術在現代社會中尤為重要，因為許多上班族在日常生活中面對巨大的壓力，長時間使用電腦和手機，導致身體和心理都承受了過度的負擔。在這樣的背景下，學會簡單的養生技巧成為了必須掌握的技能。

在這樣高壓的現代生活中，我發現養生不僅僅是單純的保健，更是一種必要的生存策略。隨著生活成本的上升，薪資的增長卻停滯不前，很多人面臨著巨大的生活壓力。尤其是上班族，長時間盯著電腦、手機等3C產品，身心疲憊已經成為常態。因此，我不僅在服務客戶時應用了這些養生技巧，還希望能分享給更多有需要的人。

針對現代人常見的身體問題，我總結了一些簡單但有效的養生秘方。

比如，壓力大時，可以嘗試按壓頭部後方的風池穴，這個穴位位於頭頸交界處，適當的按壓可以有效舒緩疲勞，緩解壓力帶來的頭痛等不適。風池穴不僅有助於放鬆，還對失眠、感冒等症狀有很好的效果。

如果眼睛長時間盯著螢幕感到疲勞，可以按壓眉頭下方的瞳子膠穴，這個穴位對緩解眼睛的疲勞感非常有效。很多上班族經常覺得眼睛酸痛，這是因為他們長時間使用電腦或手機，導致眼部周圍的經絡不暢通。通過適當的按摩，可以幫助這些穴位恢復功能，緩解眼睛的不適。

還有一個重要的穴位是合谷穴，這個穴位位於大拇指和食指之間的虎口處。適當按壓合谷穴可以緩解腹脹、頭痛、下肢疼痛等問題。這些簡單的穴位按摩技巧雖然看似不起眼，但卻能有效幫助我們保持經絡通暢，促進身體內的氣血循環，從而達到自我調理的效果。

送大家一張"脊椎病變反射區"示意圖，主要說明人體各個經絡的所在處，當各個經絡出現不舒服時，會呈圖上所說的症狀，也就是說，當有這些症狀時要小心、警惕，小病就要調理身體，別等病症變大時，就無辦法可以處理了。

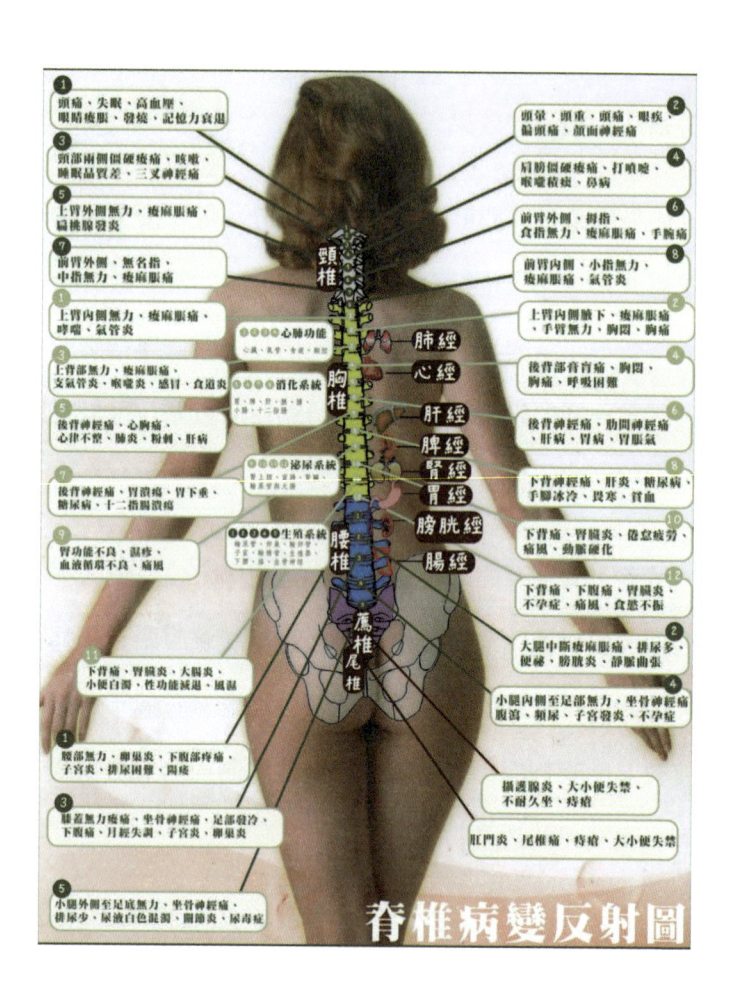

這些養生方法簡單易行，卻能帶來明顯的效果。不僅僅是為了延長壽命，更是為了提高我們的生活質量。現代人的健康問題往往源自壓力和生活方式的不健康，而這些養生方法正是針對這些問題設計的，能夠幫助我們在日常生活中找到平衡，維持身心的健康。

除了對身體的保養，養生之道還包括對心靈的滋養。真正的健康，不僅僅是身體無病痛，更包括心靈的平靜與安寧。我們需要同時注重身心兩方面的健康，這樣才能真正實現整體的健康。通過冥想、祈禱等方式，我們可以提升自己的心靈層次，找到內心的力量，從而面對生活中的各種挑戰。

古人常說：「善養生者，上養身智，中養行態，下養筋骨。」這句話意味著，我們應該全方位地照顧自己的健康。不僅要保護我們的身體，還要養成良好的生活習慣，保持積極的態度，這樣才能真正實現身心的平衡與和諧。

如今，我將目光投向網路和云端創業，並利用抖音等平台來推廣我的養生理念。我相信，只要我不放棄，過去的努力一定會在新的領域中開花結果。我將繼續前行，將我的夢想追回來，並勇敢地迎接未來的每一個挑戰。這一次，我不僅要掌握命運的韁繩，還要讓自己成為真正的生命騎士，駕馭自己的未來。

這段旅程讓我深刻理解到，一個人的成功並不是單純靠運氣，而是需要長期的堅持與努力。而我的經歷告訴我，無論面臨多少困難和挫折，只要心中有夢想，並且願意為之努力，終有一天會看到曙光。我希望我的故事能夠激勵你，無論遇到什麼困境，請不要輕易放棄自己的夢想。我的經歷證明了，只要你堅持，總會有改變的那一天。

現在，無論你是在尋找身體健康的平衡，還是面對生活中的挑戰與壓力，我都願意分享我的經驗，幫助你找到屬於自己的道路。讓我們一起成為生命的騎士，勇敢地駕馭我們的未來，共同迎接人生中的每一個挑戰。

最佳聯合出品人

Amanda
Line ID:amanda9149
我是：Amanda 如意創富營銷達人 透過 I 支手機與 Ai 數字人增加被動收入。
私訊我、免費註冊看短劇開起賺錢之旅。

Candy
Line 帳號：summer653
我是 Candy，美業營銷煉金教主，擅長私域變現，年營收 4000 萬台幣。
加我領取《解決客戶 10 大藉口的經典話術》電子書一本及預約線下 1 對 1 諮詢服務 1 次（最多 3 小時），加贈「千萬營收 3 大系統」電子圖

Ivy
Line 帳號：@gsa3257a
我是一位自媒體行銷的老師 -Ivy 艾薇老師 我專門協助大家，用影片行銷，讓別人主動找上你。
加我好友，領取 5 本 自媒體的電子書

Lisa
Line 帳號：lucky5643
我是 LISA，圓夢理財教練，專注於財務管理與心靈成長，幫助你邁向豐盛人生。
加我領取一瓶「信息能量水」，開啟你的財富之旅！

畢黎麗
Line ID：asialily
餐飲老前輩經營餐廳 60 年，台南市國際文化交流促進會理事長，台南監獄烹飪教育創辦人，東亞區七夕連結人，鄭成功世界聯盟推動人，台南小吃宴成國宴餐啟動人。
掃碼獲 20 分鐘 "餐桌天機"

蔡季芳
Line 帳號：0919503958
我是 Mia，分佈式誇境網購平台、以抗衰老始於細胞健康的品牌理念
加我：可擁有最頂尖的科研團隊及最團結互相的經營團隊

蔡清讚
Line 帳號：drcttsai
我是蔡清讚 中國醫藥大學教授、 樂伊生技 (BioZoe) 負責人，健康促進及腸道微生態專家，解決腸道及身體 發炎的問題。
加我領取益生菌 10 包

蔡政峰
抗衰老保養內調導航師 Donnie 政峰，擅常健康保養領域，我可以解決皮膚衰老與健康上的問題。
加我就帶你一起健康、賺錢、心靈富足。

最佳聯合出品人

曾悟喜
Line 帳號：imerit78
我是悟喜，健康管理師，照顧眼睛健康、提供經絡理療、安心食材團購、易經九宮數諮詢、教室出租、平台聯盟

陈凤英
LINE：0907479089
我是艮鑫老師，命理情感解析20年，擅長風水，占卜，情感，教學
加我可領取免費一對一流年運勢解析

陳柏槐
Line iD：0903723660
我是 Neil，近36年來幫助臺灣男子擊劍選手再闖奧運的教練，同時我也是運動表現教練，想提升競技成績。歡迎加我領取個人「肌力特質」分析報告

陳欣柔
Line 帳號：darling52035
我是柔柔，千萬流量部落客，曾幫助50家店突破經營困境、增收15萬。加我好友，免費領取『AI數字人創業計畫』搶占市場新趨勢！

鄧巧玥
我是職場媽媽 Jamie．我一直在協助上班族如何在業餘的時間，通過手機就可以開啟斜槓之路，創造多一份收入．請掃我碼，回覆168，即贈"斜槓成功高效時間管理"電子書一本

符和明
Line 帳號：futptw1
我是 Henry 健康達人，專研減重瘦身
加我領取減重電子書一本

郭紫媛
Line iD：0903723660
我是二寶媽，熱愛健康飲食與自然保養。我通過營養均衡和優質保養品保持外在美麗，內在自信。擁有這樣的生活方式，不僅讓我身心健康，還提升了自我價值與家庭幸福感，也讓我成為朋友間的健康美麗榜樣。

洪俊杰
Line ID：as3147
我是杰哥，漢字靈魂的探索者，擅長九型人格分析。
加 line 即可預約為您的15人以上團隊主講一場【九型人格職場識人術】

最佳聯合出品人

侯亦鴻
IG 帳號：energy413soul
我是好運氣亦鴻 解析數千人生命藍圖 協助千人轉換磁場 提高運勢 找到人生使用說明書 加我領取好運數字秘笈

胡延媛
Line ID：tmlp108
我是胡延媛，已培養 400 位以上素人講師，
加我好友送「百萬場遊戲背後的秘密」電子書

許俊民
Line ID:kevetialen
我是 Adams，人生分析師，擅長透過數字了解人生，做客製化分析及應用，讓你學會一分鐘識人術。
加我領取「你的天賦報告書」一份

黃春美
Line 帳號：131419am
我是春美，精準健康管理師。善長遺傳基因分析，每個人都有一本自己人體使用說明書，如何避開地雷區，省下百萬醫療支出。
掃碼領取 1 次 VIP 健管諮詢，價值 3000 元

黃怡臻
Line 帳號：0906061316
我是 Amber，打造個人的吸金體質，找到專屬自己的能力天賦

黃郁雯
Line 帳號：0976222678
我是善緣，水晶手鍊設計，用每個人獨一無二的生日算該年的流年數，搭配開運手鍊。
加我輸入出生年月日，領取"個人流年數"；以及能建議搭配流年的水晶手鍊參考。

柯雯麗
Line 帳號：wenli99
我是一位斜槓文字專家，擁有出版、文字編輯與創作，由 2006 年起步，經手過大企業：欣葉、將捷、義聯等文字作品，歡迎接洽合作！

賴心盈
Line 帳號：ayuraqueen
我是皮膚管理師 Cindy，利用網路營銷成功創造 100 萬營收。
加我好友，免費送你《成交話術 10 步驟》電子書，幫助你拓展事業！

最佳聯合出品人

李沛鏵
Line ID：joy5419
李沛鏵 我是經絡養生專家 教你如何用最簡單的方式自我保健？教你從零開始一個月的時間就能夠上手的開店手法

李學書
Line 帳號：shyue1110
我是高科技光電美容顧問 -- Lily 能夠幫助你解決任何肌膚上的問題！讓妳 30 天凍齡 5-10 歲！ 挑戰月入 10000 美金！
加我領取 "試用品 + 體驗產品" 並贈送 "美容電子書" 一本！

李盈慧
Line ID：im825673
我是盈慧，認識我讓你贏得財富和智慧！ 我是兩岸財富流教練，擅長財商變現月現金流。
加我免費贈課：財富流沙盤財商活動營！

李玉雲
Line 帳號：0982984303
我是台東雲姐，生命規畫師，擅長陪伴與關懷，我協助人們最無助時，給于最貼心的陪伴，。加我，可獲得一次 1 對 1 的人生諮詢

李祖維
Line 帳號：a0915909877
我是祖維，準備 3 個月考上普考，公職生涯 3 年存百萬存款，無負債
加我領取 "週入百萬" 電子書一本

林家妍
Line 帳號：omiga131419
我是安安老師，婚禮活動教學老師，擅長主持企劃，已規劃超過 5 千場婚禮 / 主持 3 千場以上。
加我領取 "週入百萬" 及 "幸福秘訣" 電子書

林麗玲
Line 帳號：1394394313141
我是 Naomi，量子微循環管理師，擅長數字洞悉健康大小事。掃我 "" 幫你測健康數字"。

劉紘任
Line 帳號：0987096795
我是阿任，個人在網路財富推廣第一名 加我領取 "流行歌曲教唱" 電子書一本

最佳聯合出品人

劉靜慧
Line ID：rainyliu0212
我是靜靜，近千萬流量部落客，擅長運用自媒體消費變現。
加我免費教你"網路宅薪術"

劉洽河
Line ID：ferrairalu
我是劉洽河，斜桿實踐家，擅長安全用水帶領大家守護健康用水創造健康財。
加我贈送一套變現攻略和平台資格。

模力士
Line 帳號：porkyhu
我是模力士 認識模力士，讓你頭腦長知識；結盟模力士，讓你大發又利市！
加我提供生日資訊，領取個人"生命靈數"命盤說明書一份

沈青霞
Line 帳號：0912656994
我是青霞，務農師，種植幸福茶葉 鳳梨，苦茶油
加我領取《幸福茶葉試泡包》

蘇桂月
Line 帳號：su16893
蘇桂月 SKY 自由的天空，心自由能量曼陀羅藝術家。
擅長 IAPC 點點能量曼陀羅國際首席發證講師、與潛意識溝通療育。
掃碼輸入 168，領取「點點色彩能量曼陀羅占卜」體驗電子書一份

孫沛芳
Line 帳號：a0933674321
我是沛芳，是一位舞蹈老師，擅長專業舞蹈、及身心靈教領域的變現課
加我領取「舞蹈教學線上體驗課程」

王鳳玲
Line ID：0910335396
我是鳳玲 Joy，AI 鈔能力獲客顧問，擅長 AI 科技獲客秘訣，1 天最高獲得千粉實戰流量。
加我留言 777，贈送 TikTok 超跑流量獲客秘訣！

王瑞龍
Line：https://lin.ee/fPPH0Mo
台灣家電王，王瑞龍，服務於 45 年歷史的柏森家電，專注於東北亞與台灣的 ODM 及代理國內外大小家電。
需要家電或贈品，歡迎與我聯繫，加我享批發優惠！

最佳聯合出品人

王瑞萍
Line 帳號 :0982211099
我是瑞萍，一個致力於健康與自然生活的推廣者。
我的使命是幫助十萬個以上的家庭不打針不吃藥，提升健康，進而達到幸福富足。
加我領取「血液之舞：微循環如何煥活你的健康」電子書

王渝茜
我的 Line ID:0985379008
我是 Alisha，財富能量導師，擅長能量調頻，要幫助 100 個鐵粉月入百萬，加我好友回覆 13 領取 "創造順流人生的 13 個錦囊" 一份

翁彥錚
Line 帳號：weng771216
我是 Tim，AI 獲客王，線上精準引流，3 天轉私域 1000 人。
加我領取「獲客行銷之王"電子書一本

伍靖薰
Line ID：js131435
伍靖薰，象棋靈數諮詢。
加我即可免費預約線上象棋占卜乙次

辛徔良
Line ID：hsin01
我是辛徔良，國學數字易經講師，已協助上百位學員找回人生說明書，在事業、家庭、工作、財富、健康都有顯著的好轉，使自己五福臨門，越來越好 !!
加我免費幫您測算人生過去、現在及未來如何對應口

楊惠娟
Line 帳號：jennyyang98
我是楊惠娟，富麗健康師，擅長全面提升細胞功能，助健康增益與財務自由!
加我領取：幸福的有錢人分享會 + 血管檢測 1 次

楊敏琳
Line 帳號 yml4246
我是 Alice Yang 20 年保險業經驗，專長會計與保險，熱愛學習和分享，學習網路行銷 10 年，簡映，短視頻，Tk 直播，Line 行銷，Google 表單等我都可以分享，所謂教學相長，近期受益於 Caro 老師的全網贏銷，掃我輸入 888，即可免費獲得 Caro 老師的網路行銷 100 招密技

楊蕎容
Line 帳號：lang629
我是蕎容，幾年前曾經是專職的家庭主婦，初次經營直銷，見證了組織倍增的強大，你（妳）想要手停口停口袋不停？
加我領取 "週入百萬" 電子書一本

最佳聯合出品人

葉俊宏
Line 帳號：gmg000x
我是葉 sir，資產傳承規劃師，協助規劃金融資產．不動產等財富傳承，避免高額遺產稅，與家族繼承紛爭。
加我送不動產稅賦電子書，及免費 Line 諮詢！

于書涵
Line 帳號：judy 28149
我是于書涵 AI 趨勢營銷實踐者，現今用 AI 創造「二次淨水商機」。
掃碼輸入 888 贈送 15 分鐘教你如何運用 AI 與連結創業平台喔！

鍾繡縈
Line 帳號：0988264149
我是翊詠，生命天賦規劃師，擅長協助找到自己天賦，遇見更好的自己，活成一道光。
加我領取一張屬於個人的人生說明書。

周甫翰
Line:09266615
我是周甫翰，從事房地產．
加我可領取萊威幹細胞貼片
領取萊威幹細胞貼片

朱蒖葳
我是朱蒖葳，立馬行銷，健康美，擅長美髮設計，加我 Line 送設計好髮型免費化妝

云創業
案例庫

國家圖書館出版品預行編目 (CIP) 資料

云創業案例庫 /Caro...等27人作. -- 一版.
-- 臺中市：鯨云網路科技有限公司, 2024.12
464面；　14.8x21公分
ISBN 978-626-99196-0-4(平裝)
1.CST: 創業 2.CST: 企業經營

494.1　　　　　　　　　　　　113016676

作　　者	Caro、Adam、David、Kaila、Maggie、Susan、Vivi、開運姐姐、曾孟如、陳韋霖、陳琇茹、廣福、洪成昌、黃雅涵、蔡雨臻、藍均屏、李秉蓁、李雅琳、李鈺蓮、米姐、彭建華、吳趙敏、徐秋惠、徐瑩瑩、楊媡琳、余錦彥、鄭露茜
文字編輯	王叢
美術編輯	王叢
出 版 者	鯨云網路科技有限公司
總 代 理	上優文化事業有限公司
地　　址	新北市新莊區化成路293巷32號
電　　話	02-8521-2523
傳　　真	02-8521-6206
總 經 銷	紅螞蟻圖書有限公司
地　　址	台北市內湖區舊宗路二段121巷19號
電　　話	02-2795-3656
傳　　真	02-2795-4100
Email	8521book@gmail.com
	(如有任何疑問請聯絡此信箱洽詢)
網路書店	www.books.com.tw 博客來網路書店
出版日期	2024年12月
版　　次	一版一刷
定　　價	499元